中天实训教程

U0248434

可编程序控制系统设计

编审委员会

（排名不分先后）

主　　任：于茂东

副 主 任：李树岭　吴立国　李　钰　张　勇

委　　员：刘玉亮　王　健　贺琼义　郦志刚　董焕和

　　　　　郝　海　缪　亮　李丽霞　李全利　刘桂平

　　　　　徐国胜　徐洪义　翟　津　张　娟

本书主编：刘朝辉　刘建海

中国劳动社会保障出版社

图书在版编目（CIP）数据

可编程序控制系统设计/刘朝辉，刘建海主编. —北京：中国劳动社会保障出版社，2017

中天实训教程

ISBN 978 - 7 - 5167 - 2970 - 0

Ⅰ.①可…　Ⅱ.①刘…②刘…　Ⅲ.①可编程序控制器-控制系统设计-教材　Ⅳ.①TM571.6

中国版本图书馆 CIP 数据核字（2017）第 088813 号

中国劳动社会保障出版社出版发行

（北京市惠新东街 1 号　邮政编码：100029）

*

北京北苑印刷有限责任公司印刷装订　　新华书店经销

787 毫米×1092 毫米　16 开本　8.5 印张　158 千字
2017 年 5 月第 1 版　　2017 年 5 月第 1 次印刷
定价：24.00 元

读者服务部电话：（010）64929211/64921644/84626437
营销部电话：（010）64961894
出版社网址：http://www.class.com.cn

前　言

为加快推进职业教育现代化与职业教育体系建设，全面提高职业教育质量，更好地满足中国（天津）职业技能公共实训中心的高端实训设备及新技能教学需要，天津海河教育园区管委会与中国（天津）职业技能公共实训中心共同组织，邀请多所职业院校教师和企业技术人员编写了"中天实训教程"丛书。

丛书编写遵循"以应用为本，以够用为度"的原则，以国家相关标准为指导，以企业需求为导向，以职业能力培养为核心，注重应用型人才的专业技能培养与实用技术培训。丛书具有以下一些特点：

以任务驱动为引领，贯彻项目教学。将理论知识与操作技能融合设计在教学任务中，充分体现"理实一体化"与"做中学"的教学理念。

以实例操作为主，突出应用技术。所有实例充分挖掘公共实训中心高端实训设备的特性、功能以及当前的新技术、新工艺与新方法，充分结合企业实际应用，并在教学实践中不断修改与完善。

以技能训练为重，适于实训教学。根据教学需要，每门课程均设置丰富的实训项目，在介绍必备理论知识基础上，突出技能操作，严格实训程序，有利于技能养成和固化。

丛书在编写过程中得到了天津市职业技能培训研究室的积极指导，同时也得到了河北工业大学、天津职业技术师范大学、天津中德应用技术大学、天津机电工艺学院、天津轻工职业学院以及海克斯康测量技术（青岛）有限公司、ABB（中国）有限公司、天津领智科技有限公司、天津市翰本科技有限公司的大力支持与热情帮助，在此一并致以诚挚的谢意。

由于编者水平有限，经验不足，时间仓促，书中的疏漏在所难免，衷心希望广大读者与专家提出宝贵意见和建议。

编审委员会

内容简介

本书以天津市公共实训中心 TVT – HLX – T 实训设备为依托编制而成，着重介绍了基本概念、基本理论和基本操作方法，突出知识和技能的实用性，采用任务驱动法，以任务来引领实训教学的设计和实施。全书分为基础篇和提高篇，每篇分为若干任务，每个任务分为"任务描述""任务分析""相关知识""任务实施"等栏目，以完成任务为中心，把知识点融入任务中，在完成任务中学习必要的理论知识。为提升学员分析和解决问题的能力，灵活应用所学的知识，每个任务都设置"任务扩展"栏目，帮助学员进一步拓宽知识面。为方便学习，每个任务的实施都有具体的步骤和评价环节。

本书由天津市机电工艺学院刘朝辉、刘建海主编，天津市现代职业技术学院王慧荣及天津市机电工艺学院张长勇、李学钢、袁伟伟、王淼、蔡向禹、方晓群参与编写，天津市职业技能公共实训中心杨鹏审稿。其中，刘朝辉、刘建海负责全书整体构思、每一个任务的策划和部分任务的编写，并对全书进行审核。

本书适用于大学、各类职业院校机电、自动化课程教学，同时也适用于企业员工的培训。

目 录

基础篇

【实训内容】

可编程序控制是在继电器控制基础上发展起来的技术，本篇力求把可编程序控制知识与继电器控制知识结合起来，基于西门子 S7 – 200 可编程序控制器，首先实现基本控制电路的改造，继而完成基本控制单元的设计与调试。

本书采用以任务带知识点的方法，把知识点融入任务中，努力达到把抽象的知识具体化的目的。

建议：本项目中需驱动电动机的程序可先用指示灯模拟，在此基础上再驱动电动机。

任务一　单向控制电路的改造

任务二　正反转控制电路的改造

任务三　丫—△降压启动控制电路的改造

任务四　单按钮控制指示灯启停电路程序编制及调试

任务五　抢答器控制电路程序编制及调试

任务六　十字路口交通灯控制程序编制及调试

【实训目标】

1. 掌握西门子可编程序控制器 S7 – 200 的常用指令。

2. 掌握西门子可编程序控制器 S7 – 200 的简单程序编制及调试方法。

3. 掌握工业电器单元 – 1 的使用方法。

4. 掌握工业电器单元 – 2 的使用方法。

5. 掌握可编程序控制器单元、编程用计算机系统的使用方法。

【实训设备】

基础篇所用实训设备

序号	名称	数量
1	TVT – HLX – T 设备主体	一套
2	电源单元	一块
3	工业电器单元 – 1	一块
4	工业电器单元 – 2	一块
5	S7 – 200 PLC 模块	一块
6	S7 – 200 通信电缆	一根
7	连接导线	若干

任务一　单向控制电路的改造

【任务描述】

可编程序控制器控制是在继电器控制的基础上发展起来的。

用可编程序控制器控制三相交流异步电动机电路，实际上是把控制电路转换成控制程序，当要改变控制电路时，只要改变控制程序，即可实现控制要求。

本任务将学习如何利用可编程序控制器实现对三相交流异步电动机进行单向控制。如图1—1所示为继电器控制三相异步电动机的单向控制线路，即用按钮和接触器等来控制

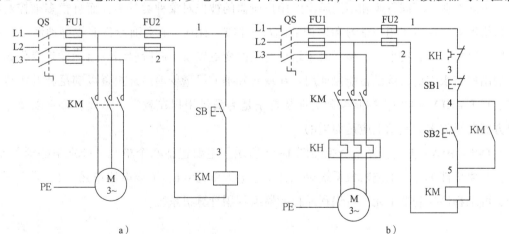

a)　　　　　　　　　　　　　　　　b)

图1—1　继电器控制三相异步电动机的单向控制线路

a) 点动控制线路原理图　b) 连续运转控制线路原理图

电动机单方向运转的简单控制线路，现用可编程序控制器进行控制。

【任务分析】

点动控制是指按下按钮，电动机就得电运转；松开按钮，电动机就断电停转。这种控制方法常用于电动葫芦和起重电动机控制及车床托板箱快速移动电动机控制等。

在点动控制线路中，主电路由开关 QS、熔断器 FU1、接触器 KM 主触点及电动机 M 组成；控制电路由熔断器 FU2、启动按钮 SB、接触器 KM 线圈组成。

连续运转控制是指按下启动按钮，电动机就得电运转；直到按下停止按钮，电动机才断电停转。这种控制方法常用于车床的主轴控制和冷却液控制等。

在连续运转控制线路中，主电路由开关 QS、熔断器 FU1、接触器 KM 主触点、热继电器 KH 及电动机 M 组成；控制电路由熔断器 FU2、启动按钮 SB2、停止按钮 SB1、热继电器 KH 及接触器 KM 线圈组成。

传统继电器控制系统控制信号对设备的控制作用是通过线路的接线来实现的。在这种控制系统中，要实现不同的控制要求必须改变控制电路的接线。用可编程序控制器控制三相交流异步电动机电路，实际上是把控制电路转换成控制程序，当要改变控制电路时，只要改变控制程序即可实现控制要求。

【相关知识】

一、TVT–HLX–T 实训设备简介

不同专业、不同行业和不同层次的用户所需的被控对象种类繁多，而且很多被控对象的价格不菲，造成了用户学习和培训的困难。TVT–HLX–T 实训设备能较好地解决这一问题。另外，随着技术的发展，对于培训对象的变更以及不同阶段培训目标发生变化而引起的用户需求变更，该设备能保证用户在现有基础上尽量少地追加投资以满足新的实践需求。TVT–HLX–T 现代控制综合实训装置正是为满足用户在教学、培训、鉴定以及竞赛等方面广泛需求的基础上应运而生的。

TVT–HLX–T 实训设备全貌如图 1—2 所示，主要包括八个单元，分别是电源单元，工艺对象部件单元，工艺对象系统单元，工业电器单元–1，工业电器单元–2，器件储存柜，可编程序控制器单元，可编程序控制器编程用计算机系统。

图1—2　TVT – HLX – T 实训设备全貌

1．电源单元

如图1—3所示，电源单元具有设备上电指示功能，配有上电指示灯，当设备有供电时，指示灯亮。

电源单元可输出三相五线380 V交流电源，配三相四极低压断路器及漏电保护器，低压断路器控制整个设备的电源供电。三相五线电源输出端子为U、V、W、N、PE端子，可提供三相交流380 V和单相交流220 V输出电源。PE端子为保护接地端子。

电源单元提供2组直流电源，一组提供24 V直流输出，为本设备的可编程控制器单元提供可编程控制器输入、输出工作电源；另一组提供24 V和5 V直流输出，为本设备的工艺对象部件单元提供工作电源，该组电源在前面板无输出端子，在内部与工艺对象部件单元已连接供电。所有直流电源的输出由直流开关控制通断。

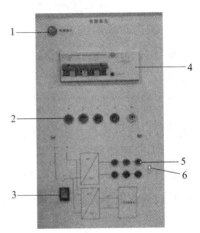

图1—3　电源单元

1—上电指示　2—三相五线电源输出端子

3—直流输出控制开关

4—低压断路器及漏电保护器

5—直流输出端子　6—直流输出指示

2．工艺对象部件单元

如图1—4所示，工艺对象部件单元由3块显示屏和接插板等组成，每块显示屏对应于其底部的接插板，该单元的功能是在显示屏中显示工艺对象系统中所有涉及的各种工艺对象部件（传感器或执行器等）。

工艺对象部件单元配有重启复位按钮，当显示屏不能正常显示或出现故障时，按下复位按钮，该单元显示屏将重新启动，系统将正常工作；若复位按钮失效，请关闭电源，记下故障现象并及时联系设备专业维护人员处理。

图1—4 工艺对象部件单元

1、3、5—显示屏 2—接插板 4—复位按钮

3. 工艺对象系统单元

如图1—5所示，工艺对象系统单元主要用于模拟演示，配有电源开关，使用时打开电源开关系统上电，配有 USB 接口用作与计算机通信，通过该接口把程序传送到工艺对象系统单元。

4. 工业电器单元 –1

如图1—6所示，工业电器单元 –1 由三组不同功能的工业电器件组成，一组指示灯，一组为钮子开关，一组为直流接触器。

图1—5 工艺对象系统单元

1—USB 接口 2—启动按钮 3—电源开关

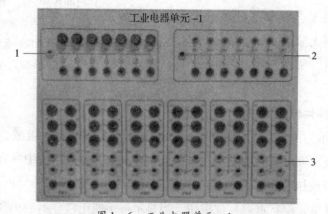

图1—6 工业电器单元 –1

1—指示灯组（HL1 ~ HL7） 2—钮子开关组（SQ1 ~ SQ7）

3—直流接触器组（KM1 ~ KM6）

指示灯组共 7 盏指示灯 HL1～HL7，共用一个公共端，可作为可编程序控制器输出指示、器件的状态显示、系统运行指示等。

钮子开关组共 7 个钮子开关 SQ1～SQ7，共用一个公共端，可作为可编程序控制器输入信号、系统的启动或停止信号使用。

直流接触器组—一共有 6 个接触器 KM1～KM6，由直流电压 24 V 驱动线圈。A1－A2 接线端子是线圈电源的接入端，L1－T1、L2－T2、L3－T3 端子分别是接触器的三组主触点，NO－NO 接线端子和 NC－NC 接线端子分别为接触器的辅助常开触点和常闭触点。

5．工业电器单元－2

如图 1—7 所示，工业电器单元－2 主要由按钮组和指示灯组等组成，主要用作可编程控制器的输入和输出信号，也可用于程序的模拟调试。

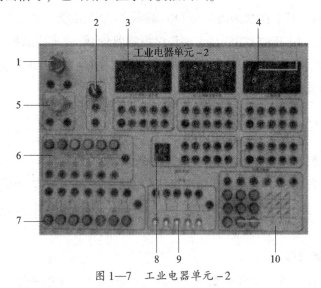

图 1—7 工业电器单元－2

1—急停按钮（SB0） 2—主令开关（SA） 3—BCD 码数字显示器 4—八段数码管显示

5—蜂鸣器（HA） 6—指示灯组（HL1～HL6） 7—按钮组（SB1～SB7） 8—拨码开关

9—钮子开关组（S1～S5） 10—矩阵式键盘

6．可编程序控制器单元

本设备可编程序控制器单元分为西门子 S7－300 和西门子 S7－200 两种型号，本书将以西门子 S7－200 为例。

西门子可编程序控制器有 S7、M7、C7 三个系列，S7－200 型可编程序控制器是西门子公司近年投放市场的小型可编程序控制器，如图 1—8 所示，采用整体式结构，结构简单，功能强大，可靠性高，运行速度快，性价比高，既能单机运行，又有可扩展接口及扩展特殊功能模块。

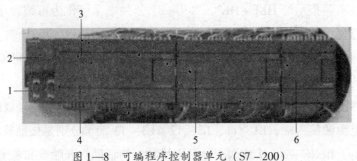

图1—8 可编程序控制器单元（S7 – 200）

1—通信接口（0，1） 2—状态指示灯 3—输出指示灯 4—输入指示灯

5—数字量扩展模块 6—模拟量扩展模块

（1）工作模式开关。S7 – 200 型可编程序控制器用三挡开关选择 RUN、TERM 和 STOP 三个工作状态，其工作状态由状态 LED 显示，其中 SF 为系统故障指示。

（2）通信接口。用于 S7 – 200 型可编程序控制器与 PC 或手持编程器进行通信连接。

（3）输入/输出接口。各输入/输出点的通断状态用输入或输出状态 LED 显示，外部接线接在可拆卸的插座型接线端子板上。

二、西门子 S7 – 200 系列可编程序控制器软元件简介

1. 输入继电器（I）

每个输入继电器都有一个可编程序控制器的输入端子与之对应，用于接收外部开关信号。外部的开关信号闭合，则输入继电器的线圈得电，在程序中其常开触点闭合，常闭触点断开。

2. 输出继电器（Q）

每个输出继电器都有一个可编程序控制器上的输出端子与之对应。当通过程序使输出继电器线圈导通为 ON 时，可编程序控制器上的输出端开关闭合，它可以作为控制外部负载的开关信号，同时在程序中其常开触点闭合，常闭触点断开。

3. 通用辅助继电器（M）

通用辅助继电器的作用和继电器控制系统中的中间继电器相同，它在可编程序控制器中没有输入/输出端子与之对应，因此它不能驱动外部负载。

4. 特殊继电器（SM）

有些辅助继电器具有特殊功能或用来存储系统的状态变量、控制参数和信息，因此称其为特殊继电器。如 SM0. 0 为可编程序控制器运行时恒为 ON 的特殊继电器；SM0. 1 为可编程序控制器运行时的初始化脉冲，当可编程序控制器开始运行时只接通一个扫描周期的时间。

5. 变量存储器（V）

变量存储器用来存储变量。它可以存放程序执行过程中控制逻辑操作的中间结果，也可以使用变量存储器来保存与工序或任务相关的其他数据。

6. 局部变量存储器（L）

局部变量存储器用来存放局部变量。局部变量与变量存储器所存储的全局变量十分相似，主要区别在于全局变量是全局有效的，而局部变量是局部有效的。局部变量存储器一般用在子程序中。

7. 顺序控制继电器（S）

顺序控制继电器也称为状态器。顺序控制继电器用于顺序控制或步进控制中。

8. 定时器（T）

定时器是可编程序控制器中重要的编程元件，是累计时间的内部器件。电气控制的大部分领域都需要用定时器进行时间控制，灵活地使用定时器可以编制出复杂动作的控制程序。

定时器的工作过程与继电接触式控制系统中的时间继电器的原理基本相同，但它没有动触点。使用时要先输入时间设定值，当定时器的输入条件满足时开始计时，当前值从0开始按一定的时间单位增加，当定时器的当前值达到设定值时，定时器的触点动作。利用定时器的触点就可以完成所需的定时控制任务。

9. 计数器（C）

计数器用来累计输入脉冲的个数，经常用来对产品进行计数或进行特定功能的编程。

使用时要先输入它的设定值。如增计数器，当输入触发条件满足时，计数器开始计数，累计输入端脉冲上升沿的个数，当计数器计数达到设定值时，其常开触点闭合，常闭触点断开。

10. 模拟量输入映像寄存器（AI）、模拟量输出映像寄存器（AQ）

模拟量输入电路用以实现模拟量/数字量（A/D）之间的转换，而模拟量输出电路用以实现数字量/模拟量（D/A）之间的转换。

11. 高速计数器（HC）

一般计数器的计数频率受扫描周期的影响，不能太高，而高速计数器可累计比CPU的扫描速度更快的计数。高速计数器的当前值是一个双字长（32位）的整数，且为只读值。

12. 累加器（AC）

累加器是用来暂存数据的寄存器，它可以用来存放运算数据、中间数据和结果。S7-200系列可编程序控制器提供4个32位累加器，分别为AC0、AC1、AC2和AC3。累加器可进行读写操作。

三、可编程序控制器的几种编程语言

可编程序控制器不采用计算机的编程语言，常用的编程语言有梯形图、语句表、顺序功能图、功能块图等。其中最常用的为梯形图，可编程序控制器的设计和生产至今还没有国际统一标准，不同厂家所采用的语言和符号也不尽相同。但它们编程语言的基本结构和功能却是大同小异。

1. 梯形图（LAD）

梯形图（LADDER）是一种图形编程语言，它是从继电器控制原理图的基础上演变而来的。可编程序控制器的梯形图与继电器控制系统原理图的基本思想是一致的，它沿用继电器的触点（触点在梯形图中又常称为接点）、线圈、串并联等术语和图形符号，同时还增加了一些继电器、接触器控制系统中没有的特殊功能符号。对于熟悉继电器控制线路的电气技术人员来说，梯形图很容易被接受，且不需要学习专门的计算机知识。因此，梯形图是可编程序控制器应用中最基本、最普遍的编程语言。需要说明的是，这种编程方式只能用编程软件通过计算机下载到可编程序控制器当中去。如果使用编程器编程，还需要将梯形图转变为语句表，用助记符将程序输入可编程序控制器中。

可编程序控制器的梯形图虽然是从继电器控制线路图发展而来的，但又与其有一些本质的区别。

（1）可编程序控制器梯形图中的某些元件沿用了继电器这一名称，如输入继电器、输出继电器、中间继电器等。但是，这些继电器并不是实际存在的物理继电器，而是软继电器，也可以说是存储器。它们当中的每一个都与可编程序控制器的用户程序存储器中数据存储区中的元件映像寄存器的一个具体存储单元相对应。如果某个存储单元为"1"状态，则表示与这个存储单元相对应的那个继电器的线圈得电。反之，如果某个存储单元为"0"状态，则表示与这个存储单元相对应的那个继电器的线圈断电。这样，就能根据数据存储区中某个存储单元的状态是"1"还是"0"，判断与之对应的那个继电器的线圈是否得电。

（2）可编程序控制器梯形图中仍然保留了动合触点和动断触点的名称，这些触点的接通或断开，取决于其线圈是否得电（这是继电器、接触器的最基本工作原理）。在梯形图中，当程序扫描到某个继电器的触点时，就去检查其线圈是否得电，即去检查与之对应的那个存储单元的状态是"1"还是"0"。如果该触点是动合触点，就取它的原状态；如果该触点是动断触点，就取它的反状态。

（3）可编程序控制器梯形图中的各种继电器触点的串并联连接，实质上是将这些基本单元的状态依次取出来，进行逻辑与、逻辑或等逻辑运算。而计算机对进行这些逻辑运算的次数是没有限制的，因此，可在编制程序时无限次使用这些触点，并且可以根据需要采用动合（常开）和动断（常闭）的形式。特别需要注意的是，在梯形图程序中同一个继电器的线圈一般只能使用一次（置位/复位的形式除外）。

2. 语句表（STL）

语句表（Statements List）就是用助记符来表达可编程序控制器的各种功能，类似于计算机的汇编语言，但比汇编语言通俗易懂，它是可编程序控制器最基础的编程语言。所谓语句表编程，是用一个或几个容易记忆的字符来代表可编程序控制器的某种操作功能。这种编程语言可使用简易编程器编程，尤其是在未开发计算机软件时，就只能将已编好的梯形图程序转换成语句表的形式，再通过简易编程器将用户程序逐条输入到可编程序控制器的存储器中进行编程。通常每条指令由地址、操作码（指令）和操作数（数据或器件编号）三部分组成。语句表编程设备简单，逻辑紧凑，系统化程度高，连接范围不受限制，但比较抽象，一般与梯形图语言配合使用，互为补充。目前，大多数可编程序控制器都有语句表编程功能。

3. 顺序功能图（SFC）

顺序功能图（Sequence Function Chart）编程方式采用画工艺流程图的方法编程，也称功能图，只要在每一个工艺方框的输入和输出端标上特定的符号即可。对于在工厂中搞工艺设计的人来说，用这种方法编程，不需要很多的电气知识，非常方便。

不少可编程序控制器的新产品采用了顺序功能图，提供了用于 SFC 编程的指令，有的公司已生产出系列的、可供不同的可编程序控制器使用的 SFC 编程器，原来十几页的梯形图程序，SFC 只用一页就可以完成。另外，由于这种编程语言最适合从事工艺设计的工程技术人员，因此，它是一种效果显著、深受欢迎、前途光明的编程语言。目前国际电工委员会（IEC）也正在实施并发展这种语言的编程标准。

4. 功能块图（FBD）

这是一种由逻辑功能符号组成的功能块图（Function Block Diagrams）来表达命令的编程语言，这种编程语言基本上沿用半导体逻辑电路的逻辑框图。对每一种功能都使用一个运算方块，其运算功能由方块内的符号确定。常用"与""或""非"等逻辑功能表达控制逻辑。和功能方块有关的输入画在方块的左边，输出画在方块的右边。利用 FBD 可以查到像普通逻辑门图形的逻辑盒指令。它没有梯形图编程器中的触点和线圈，但有与之等价的指令，这些指令是作为盒指令出现的。程序逻辑由这些盒指令之间的连接决定。采用这种编程语言，不仅能简单明确地表达逻辑功能，还能通过对各种功能块的组合，实现加法、乘法、比较等高级功能，所以，它也是一种功能较强的图形编程语言。对于熟悉逻辑电路和具有逻辑代数基础的人来说，功能块图是非常方便的。

四、西门子 S7 –200 指令

所谓指令就是用英文名称的缩写字母来表达可编程序控制器各种功能的助记符号。由指令构成的能完成控制任务的指令组合就是指令表。每一条指令一般由指令助记符和作用器件编号两部分组成。下面主要介绍西门子 PLC 的基本指令。基本指令是直接对输入和输出点进行操作的指令，如输入、输出及逻辑"与""或""非"等操作。

1. 西门子 S7 –200 部分基本逻辑指令

西门子 S7 –200 部分基本逻辑指令见表 1—1。

表 1—1　　　　　　　　　西门子 S7 –200 部分基本逻辑指令

指令名称	指令符	功能	操作数
取	LD　bit	读入逻辑行或电路块的第一个常开接点	Bit：I，Q，M，SM，T，C，V，S
取反	LDN　bit	读入逻辑行或电路块的第一个常闭接点	
与	A　bit	串联一个常开接点	
与非	AN　bit	串联一个常闭接点	
或	O　bit	并联一个常开接点	
或非	ON　bit	并联一个常闭接点	
输出	＝　bit	输出逻辑行的运算结果	Bit：Q，M，SM，T，C，V，S

2. 指令使用说明

（1）LD、LDN 指令不只是用于位逻辑计算开始时与母线相连的常开和常闭触点，在分支电路块的开始也要使用 LD、LDN 指令，它们和后面要讲的 ALD、OLD 指令配合完成块电路的编程。

（2）A、AN 指令用于单个触点的串联，但串联接点的数量没有限制，这两个指令可多次重复使用。

（3）O、ON 指令用于单个触点的并联，但并联接点的数量没有限制，这两个指令可多次重复使用。

（4）建议 A、AN 和 O、ON 指令对应记忆理解，N 为 NOT 的简记，即为取反。

（5）＝ 指令不能用于输入继电器。

（6）并联的 ＝ 指令可以连续使用任意次。

五、可编程序控制器控制与继电器控制的比较

可编程序控制器之所以高速发展，除了工业自动化的客观需要外，还因为它具有许多适合工业控制的独特优点。可编程序控制器控制与传统的继电器控制相比有如下特点：

1．组成器件

继电器控制电路是由许多真正的硬件继电器组成，硬件继电器易磨损，而梯形图则由许多软继电器组成，这些软继电器实质上是存储器中的每一位触发器，可以置"0"或置"1"，软继电器则无磨损现象。

2．触点数量

硬件继电器的触点数量有限，用于控制的继电器触点数一般只有 4 ~ 8 对；而梯形图中每个软继电器供编程使用的触点数有无限对，因为在存储器中的触发器状态（电平）可取用任意次数。

3．实施控制的方法

在继电器控制电路中，要实现某种控制，是通过各种继电器之间硬接线解决的，由于其控制功能已包含在固定线路之间，因此它的功能专一，不灵活，而可编程序控制器是通过梯形图即软件编程解决的，所以灵活多变。

4．工作方式

在继电器控制电路中，当电源接通时，电路中各继电器都处于受制约状态，即该吸合的继电器都同时吸合，不应吸合的继电器都因受某种条件限制不能吸合，这种工作方式称为并行工作方式；而在可编程序控制器的控制电路中，各软继电器都处于周期性循环扫描接通中，受同一条件制约的各个继电器的动作次序取决于程序扫描顺序，这种工作方式称为串行工作方式。

5．控制速度

继电器控制系统依靠触点的机械动作实现控制，工作频率低，机械触点还会出现抖动问题；而可编程序控制器是由程序指令来实现控制的，速度快，可编程序控制器内部还有严格的同步，不会出现抖动问题。

【任务实施】

一、点动控制电路的改造

1．点动控制电路分析

如图 1—1a 所示为三相异步电动机点动控制电路的继电器控制系统。其中，由输入设

备 SB 的触点构成系统的输入部分，由输出设备 KM 的线圈构成系统的输出部分。为了变换方便，将上述三相异步电动机点动控制电路的继电器控制系统的控制电路单独画。用可编程序控制器来控制这台三相异步电动机，组成一个可编程序控制器控制系统，根据上述分析可知，系统主电路不变，只要将输入设备 SB 的触点与可编程序控制器的输入端连接，输出设备 KM 的线圈与可编程序控制器的输出端连接，就构成 PLC 控制系统的输入、输出硬件线路，而控制部分的功能则由 PLC 的用户程序来实现，其等效电路如图 1—9 所示。

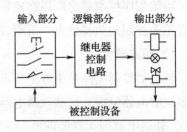

图 1—9 继电器逻辑控制系统框图

2. 输入输出的区分

在控制电路中，启动按钮属于控制信号，应作为可编程序控制器的输入量；而接触器线圈属于被控对象，应作为可编程序控制器的输出量（简记为：给可编程序控制器发送信号的为输入；接收可编程序控制器信号的为输出。常见用于输入信号的器件有行程开关、传感器等。常见用于输出信号的器件除了接触器线圈还有指示灯等）。

输入输出分配表（I/O 表）见表 1—2。

表 1—2   点动控制电路输入输出分配表

序号	PLC 地址	设备接线	注释
1	I0.0	SB（工业电器单元 –2）	启动按钮
2	Q0.0	KM（工业电器单元 –1）	控制线圈

3. 控制程序

点动控制电路梯形图程序如图 1—10 所示。

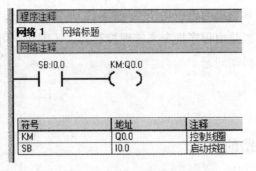

图 1—10 点动控制电路梯形图程序

根据如图 1—10 所示梯形图程序可写出语句表，如图 1—11 所示。

程序注释		
网络 1 网络标题		
网络注释		
LD SB:I0.0		
= KM:Q0.0		

符号	地址	注释
KM	Q0.0	控制线圈
SB	I0.0	启动按钮

图 1—11　点动控制电路语句表

4. 实物接线

按表 1—2 进行实物接线。

5. 程序下载及调试

（1）将编译无误的控制程序下载至可编程序控制器中，并将模式选择开关拨至 RUN 状态。

（2）接线时依据实物接线图进行，注意插接导线的颜色（直流电源正极用红颜色导线，直流电源负极用黑颜色导线，PLC 输入用蓝颜色导线，PLC 输出用黄颜色导线）。

（3）注意养成良好的职业习惯，在进行插接导线操作时切勿生拉硬拽，防止损坏导线。

（4）插接导线完成，经检查无误后方能合闸通电，以确保设备安全。

（5）接电动机的 T1、T2、T3 为交流 380V 电压，要特别注意人身和设备的安全。

（6）调试完成后，应注意断电后再拔下连接导线。

二、连续运转控制电路的改造

1. 连续运转控制电路分析

继电器控制系统如图 1—9 所示，控制信号对设备的控制作用是通过控制线路的接线来实现的。在这种控制系统中，要实现不同的控制要求必须改变控制电路的接线。

（1）可编程序控制器的控制特点。可编程序控制器控制系统框图如图 1—12 所示，通过输入端子接收外部输入信号，按下 SB2，输入继电器 Q0.0 线圈得电，I0.0 常开触点闭合、常闭触点断开；而对于输入继电器 I0.1 来说，由于外接的是按钮 SB1 的常闭触点，因此未按下 SB2 时，输入继电器 I0.1 得电，其常开触点闭合、常闭触点断开，而当按下 SB1 时，输入继电器 X1 线圈失电，I0.1 的常开触点断开、常闭触点闭合。输入继电器只

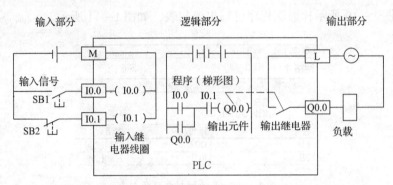

图 1—12　可编程序控制器控制系统框图

能通过外部输入信号驱动，不能由程序驱动。

（2）如果用可编程序控制器来控制这台三相异步电动机，组成一个可编程序控制器控制系统，根据上述分析可知，系统主电路不变，只要将输入设备 SB1、SB2、KH 的触点与可编程序控制器的输入端连接，输出设备 KM 线圈与可编程序控制器的输出端连接，就构成可编程序控制器控制系统的输入、输出硬件线路（见图 1—1b），而控制部分的功能则由可编程序控制器的用户程序来实现。

（3）输出端子是可编程序控制器向外部负载输出信号的窗口，输出继电器的触点接到可编程序控制器的输出端子上，若输出继电器得电，其触点闭合，电源加到负载上，负载开始工作。而输出继电器由事先编好的程序（梯形图）驱动，因此修改程序即可实现不同的控制要求，非常灵活方便。输入继电器 I 在可编程序控制器中，外部电路中的控制电信号作为控制源，必须通过输入继电器传送到可编程序控制器内部。西门子 S7 - 200 系列可编程序控制器 CPU226 模块提供的主机 I/O 点有 24 个数字量输入点，用于与外部开关等控制器件连接。

在可编程序控制器中，输出继电器 Q 通过输出点将负载和负载电源连接成一个回路，这样负载的状态就由程序驱动输出继电器控制。输出继电器得电，输出点动作，电源加到负载上，负载得到驱动。西门子 S7 - 200 系列可编程序控制器中 CPU226 模块提供的主机 I/O 点有 16 个数字量输出点，用于连接外部负载器件。

图 1—12 中所示输入端直流电源可用可编程序控制器自带的内装式 24 V 直流电源。可编程序控制器负载端电源电压应根据负载的额定电压来选定，在此负载选用 220 V 交流接触器，故可编程序控制器负载端电源电压为交流 220 V。

2. 连续运转控制电路输入输出分配表（I/O 表）

连续运转控制电路输入输出分配表见表 1—3。

表 1—3　　　　　　　　　　　连续运转控制电路输入输出分配表

序号	PLC 地址	设备接线	注释
1	I0.0	SB1（工业电器单元 - 2）	停止按钮
2	I0.1	SB2（工业电器单元 - 2）	启动按钮
3	I0.2	KH（工业电器单元 - 2）	过载保护
4	Q0.0	KM（工业电器单元 - 1）	控制线圈

由图 1—12 和表 1—3 可以看出，输入元件分别和输入继电器 I0.0 ~ I0.1 相对应，而控制三相交流异步电动机的接触器 KM 由输出继电器 Q0.0 控制，即输出继电器 Q0.0 得电，接触器 KM 得电。现将如图 1—12 所示的控制电路改编成可编程序控制器梯形图程序和语句表，如图 1—13 所示。

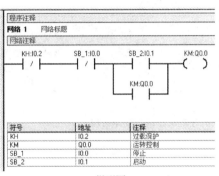
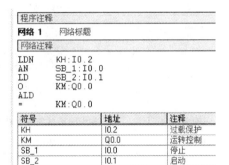

梯形图　　　　　　　　　　　　　　　　　　　语句表

图 1—13　连续运转控制程序（1）

编程技巧提示：

在梯形图编写时，并联多的支路应尽量靠近母线，以减少程序步数。为此可将三相交流异步电动机连续运转控制电路程序改编成如图 1—14 所示的程序。

修改后省去了指令 ALD，减少了程序步数。

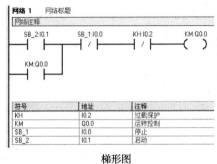

梯形图　　　　　　　　　　　　　　　　　　　语句表

图 1—14　连续运转控制程序（2）

3. 实物接线

按表1—3进行实物接线。

4. 程序下载及调试

同点动控制电路。

【任务扩展】

常见的单向控制电路除了点动控制电路、连续运转控制电路以外，还有点动与连续运转控制电路，请依据控制要求进行电路改造。

【任务评价】

单向控制电路的改造任务评价表

序号	项目与技术要求	配分	评分标准	自检记录	交检记录	得分
1	正确选择输入/输出端口	20	输入/输出分配表中，每错一项扣5分			
2	正确编制梯形图程序	20	梯形图格式正确，程序时序逻辑正确，整体结构合理，每错一处扣5分			
3	正确写出指令表程序	10	各指令使用准确，每错一处扣2分			
4	外部接线正确	20	电源线、通信线及I/O信号线接线正确，每错一处扣5分			
5	写入程序并进行调试	20	操作步骤正确，动作熟练（允许根据输出情况进行反复修改和改善）。若有违规操作，每次扣10分			
6	运行结果及口试答辩	10	程序运行结果正确，表述清楚，口试答辩正确，对运行结果表述不清楚者扣5分			
7	其他		态度认真，积极完成，认真学习相关知识，遵守劳动纪律，有良好的职业道德和习惯；否则，酌情扣分			

学员任务实施过程的小结及反馈：

教师点评：

任务二 正反转控制电路的改造

【任务描述】

本任务介绍西门子 S7 – 200 可编程序控制器基本指令，通过本任务的学习可以进一步了解可编程序控制器的编程方法。

在实际生产中，很多情况下都要求三相交流异步电动机既能正转又能反转，其方法是对调任意两根电源相线以改变电动机的三相电源相序，从而改变电动机的转向。下面学习如何利用可编程序控制器实现三相交流异步电动机的正反转控制，对如图 1—15 所示的三相异步电动机接触器互锁正反转电路进行改造。这种控制方法是最为常用的继电器控制方法之一。

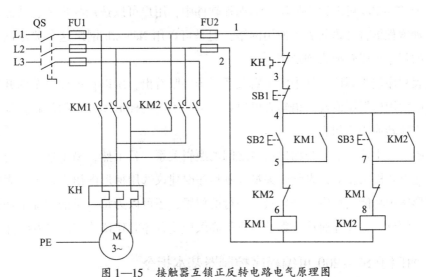

图 1—15 接触器互锁正反转电路电气原理图

【任务分析】

在正反转控制电路中，主电路由开关 QS、熔断器 FU1、接触器 KM1、KM2 主触点和热继电器 KH 主触点及电动机 M 组成；控制电路由熔断器 FU2、正向启动按钮 SB2、反向启动按钮 SB3、停止按钮 SB1、热继电器 KH 常闭触点和接触器 KM1、KM2 的线圈组成。所谓改造就是用可编程序控制器的程序代替继电器控制电路进行控制，主电路部分保留不变。

图 1—15 中主要元器件在电路中的功能见表 1—4。

表1—4 　　　　　　　　　　电路主要元器件及其在电路中的功能

代号	名称	用途
KM1	交流接触器	正转控制
KM2	交流接触器	反转控制
SB2	正转启动按钮	正转启动
SB3	反转启动按钮	反转启动
SB1	停止按钮	停止
KH	热继电器	过载保护

【相关知识】

一、几种编程方法简介

西门子S7 – 200 可编程序控制器的编程软件中，用户可以选用梯形图、功能块图和语句表这三种编程语言。语句表不使用网络，但是可以用 Network 网络这个关键词对程序分段，这样的程序可以转换为梯形图。

语句表程序较难阅读，其中的逻辑关系很难一眼看出，所以在设计复杂的开关量控制程序时一般使用梯形图语言。语句表可以处理某些不能用梯形图处理的问题，梯形图编写的程序一定能转换为语句表。

梯形图程序中输入信号与输出信号之间的逻辑关系一目了然，易于理解，与继电器电路图的表达方式极为相似，设计开关量控制程序时建议选用梯形图语言。语句表输入方便快捷，梯形图中功能块对应的语句只占一行的位置，还可以为每一条语句加上注释，便于复杂程序的阅读。在设计通信、数学运算等高级应用程序时建议使用语句表语言。

二、西门子S7 – 200 可编程序控制器基本指令

西门子S7 – 200 可编程序控制器部分基本逻辑指令见表1—5。

表1—5 　　　　西门子S7 – 200 可编程序控制器的部分基本逻辑指令

指令名称	指令符	功能	操作数
电路块与	ALD	串联一个电路块	无
电路块或	OLD	并联一个电路块	

使用说明：

1. ALD、OLD 指令无操作软元件。

2. 两个以上触点串联连接的电路称为串联电路块。

3. 将串联电路并联连接时，分支开始用 LD、LDN 指令。

4. ALD、OLD 指令是无操作元件的独立指令，它们只描述电路的串并联关系。

5. 有多个串联电路时，若对每个电路块使用 ALD 指令，则串联电路没有限制。

6. 若多个并联电路块按顺序和前面的电路串联连接时，则 OLD 指令的使用次数没有限制。

【任务实施】

一、控制要求分析

1. 继电器控制系统如图 1—15 所示，电动机 M 由接触器 KM1、KM2 控制。当 KM1 线圈得电时 M 正转，当 KM2 线圈得电时 M 反转。

2. 电路具有短路保护和过载保护等必要的保护措施。

二、编制输入/输出分配表

首先要进行输入/输出点的分配，主要通过输入/输出分配表或输入/输出接线图来实现，三相交流异步电动机正反转控制电路的输入/输出分配见表 1—6。

表 1—6 　　　　　三相交流异步电动机正反转控制电路的输入/输出分配表

序号	PLC 地址	设备接线	注释
1	I0.0	SB1（工业电器单元 - 2）	停止按钮
2	I0.1	SB2（工业电器单元 - 2）	正转启动
3	I0.2	SB3（工业电器单元 - 2）	反转启动
4	I0.3	KH（工业电器单元 - 2）	过载保护
5	Q0.0	KM1（工业电器单元 - 1）	正转控制
6	Q0.1	KM2（工业电器单元 - 1）	反转控制

三、编制程序

由图 1—15 和表 1—6 可以看出，输入元件分别与输入继电器 I0.0 ~ I0.3 相对应，而控制三相交流异步电动机正反转的接触器 KM1、KM2 则分别由输出继电器 Q0.0 和 Q0.1 控制，即输出继电器 Q0.0 得电，接触器 KM1 得电；输出继电器 Q0.1 得电，接触器 KM2 得电。现将如图 1—15 所示的控制电路改编成可编程序控制器程序，如图 1—16 所示。

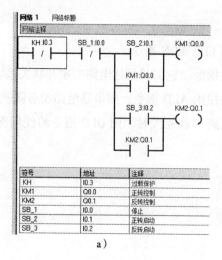

图1—16　正反转控制程序（例）

a）梯形图　b）语句表

由图1—16可以看出，将与热继电器 KH 常开触点对应的输入点 I0.3 常闭触点移至前面，因为可编程序控制器程序规定输出继电器线圈必须和右母线直接相连，中间不能有任何元件。

现可将三相交流异步电动机正反转控制程序改编成如图1—17所示的程序，这样可以更明白地看出控制关系。

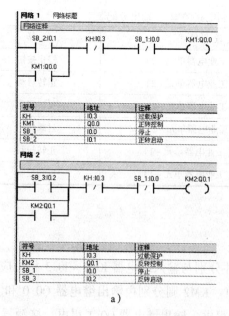

图1—17　修改后的正反转控制程序

a）梯形图　b）指令表

四、实物接线

按表1—6进行实物接线。

五、程序下载及调试

1. 将编译无误的控制程序下载至 PLC 中,并将模式选择开关拨至 RUN 状态。

2. 接线时依据实物接线图进行,注意插接导线的颜色(直流电源正极用红颜色导线,直流电源负极用黑颜色导线,PLC 输入用蓝颜色导线,PLC 输出用黄颜色导线)。

3. 注意养成良好的职业习惯,在进行插接导线操作时切勿生拉硬拽,防止损坏导线。

4. 插接导线完成,经检查无误后方能合闸通电,以确保设备安全。

5. 接电动机的 T1、T2、T3 为交流 380 V 电压,要特别注意人身和设备的安全。

6. 调试完成后,应注意断电后再拔下连接导线。

【任务扩展】

常见的正反转控制电路,除了接触器互锁正反转控制电路以外,还有按钮互锁正反转控制电路和双重互锁正反转控制电路。试用可编程序控制器改造以上电路。依据控制要求写出输入/输出分配表(I/O 表)。

建议:在驱动电动机前,先用指示灯模拟。

【任务评价】

正反转控制电路的改造任务评价表

序号	项目与技术要求	配分	评分标准	自检记录	交检记录	得分
1	正确选择输入/输出端口	20	输入/输出分配表中,每错一项扣 5 分			
2	正确编制梯形图程序	20	梯形图格式正确,程序时序逻辑正确,整体结构合理,每错一处扣 5 分			
3	正确写出指令表程序	10	各指令使用准确,每错一处扣 2 分			

序号	项目与技术要求	配分	评分标准	自检记录	交检记录	得分
4	外部接线正确	20	电源线、通信线及 I/O 信号线接线正确，每错一处扣5分			
5	写入程序并进行调试	20	操作步骤正确，动作熟练（允许根据输出情况进行反复修改和改善）。若有违规操作，每次扣10分			
6	运行结果及口试答辩	10	程序运行结果正确，表述清楚，口试答辩正确，对运行结果表述不清楚者扣5分			
7	其他		态度认真，积极完成，认真学习相关知识，遵守劳动纪律，有良好的职业道德和习惯；否则，酌情扣分			

学员任务实施过程的小结及反馈：

教师点评：

任务三　丫—△降压启动控制电路的改造

【任务描述】

本任务介绍西门子 S7 – 200 可编程序控制器的一个重要指令——定时器指令。

本任务对如图 1—18 所示的继电器控制丫—△降压启动控制电路进行改造，学习定时器的类型和使用方法。

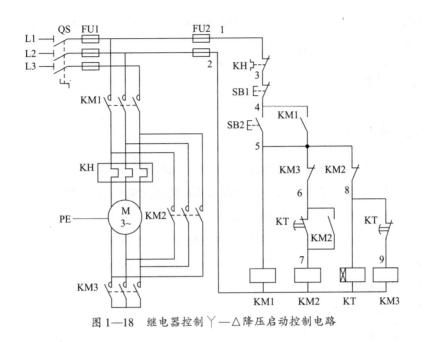

图1—18 继电器控制丫—△降压启动控制电路

【任务分析】

在实际生产中有很多时候从得到信号到执行需要一定的延时时间，在继电器控制中是通过时间继电器的控制来完成这个任务的。在可编程序控制器中是通过定时器来完成此任务的。

图1—18中主要元件的功能见表1—7。

表1—7　　　　　　　　继电器控制丫—△降压启动控制电路元件功能

代号	名称	用途
KM1	交流接触器	电源控制
KM2	交流接触器	△形联结
KM3	交流接触器	丫形联结
KT	时间继电器	延时自动转换控制
SB1	停止按钮	停止
SB2	启动按钮	启动
KH	热继电器	过载保护

正常运转时定子绕组接成△形的三相交流异步电动机在需要降压启动时，可采用丫—△降压启动的方法进行空载或轻载启动。其方法是启动时先将定子绕组接成丫形，待转速

上升到接近额定转速时，再将定子绕组改接成△形，使电动机进入全压运行。此控制方法简便经济，因而得到普遍应用。

【相关知识】

一、定时器指令

西门子 S7 – 200 可编程序控制器有 3 种类型的定时器：通电延时定时器、保持型通电延时定时器（具有记忆的通电延时型定时器又叫保持型通电延时定时器）和断电延时定时器，共计 256 个定时器，其编号为 T0 ~ T255，都为增量型定时器。其中，保持型通电延时定时器有 64 个，其余 192 个均可定义为通电延时定时器或断电延时定时器。定时器的定时精度即分辨率（s）可分为 3 个等级，即 1 ms、10 ms、100 ms。

1. 定时器基本格式

定时器基本格式如图 1—19 所示。

2. 定时器指令

S7 – 200 的三种类型定时器对应着三种不同的定时器指令：通电延时定时器指令 TON（On – Delay Timer）、保持型通电延时定时器指令 TONR（Retentive On – Delay Timer）和断电延时定时器指令 TOF（Off – Delay Timer）。编程中用到

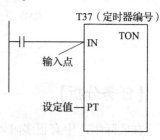

图 1—19 定时器基本格式

的 Txxx 表示定时器编号、IN 表示定时器的输入、PT 表示定时器的设定值，这三部分对应的有效操作数是相同的。

在使用定时器时需特别注意的是，不能把一个定时器号同时用作通电延时定时器和保持型通电延时定时器。各类型的定时器编号见表 1—8。

表 1—8　　　　　　　　　　　各类型的定时器编号

定时器类型	分辨率/ms	最长定时值/s	定时器号
TONR	1	32.767	T0，T64
	10	327.67	T1 ~ T4，T65 ~ T68
	100	3 276.7	T5 ~ T31，T69 ~ T95
TON、TOF	1	32.767	T32，T96
	10	327.67	T33 ~ T36，T97 ~ T100
	100	3276.7	T37 ~ T63，T101 ~ T255

3．定时时间

定时器的定时时间：

$$T = PT \times s$$

式中，T 为定时器的定时时间；PT 为定时器的设定值，数据类型为整数型；s 为定时器的精度（分辨率）。

二、定时器工作方式及类型

西门子 S7 – 200 系列可编程序控制器中 1 ms、10 ms、100 ms 的定时器的刷新方式是不同的。

1．1 ms 定时器

由系统每隔 1 ms 刷新一次，与扫描周期及程序处理无关。所以当扫描周期较长时，在一个周期内可能被多次刷新，其当前值在一个扫描周期内不一定保持一致。

2．10 ms 定时器

由系统在每个扫描周期开始时自动刷新。由于是每个扫描周期只刷新一次，在每次程序处理期间，其当前值为常数。

3．100 ms 定时器

在该定时器指令执行时被刷新。如果该定时器线圈被激励，而该定时器指令并不是每个扫描周期都执行的话，那么该定时器不能及时刷新，造成丢失时基脉冲，计时失准。若同一个 100 ms 定时器指令在一个扫描周期中多次被执行，则该定时器就会数多了时基脉冲，相当于时钟走快了。

三、定时器应用

1．定时器的串级组合

采用两个定时器的串级组合，扩展定时时间，程序和指令表如图 1—20 所示。

在图 1—20 中，可编程序控制器处于 RUN 状态时，当 I0.0 接通后，T35 计时 $T_1 = 10$ s，计时时间到，T35 常开触点闭合，T36 计时 $T_2 = 20$ s，计时时间到，驱动 Q0.0 接通，总计延时 $T = T_1 + T_2 = 30$ s。由此可见，n 个计时器的串级组合，可扩大延时范围，$T = T_1 + T_2 + \cdots + T_n$。

2．延时接通/断开电路

如图 1—21 所示为利用定时器实现延时接通/断开电路的梯形图程序和指令语句。当 I0.0 接通后，T37 开始计时，计时 3 s 后，T37 状态位为 ON，接通 Q0.0。Q0.0 常开触点闭合，当 I0.0 由 ON 变为 OFF，T38 开始计时，计时 5 s 后，T38 状态位为 ON，因此 T38

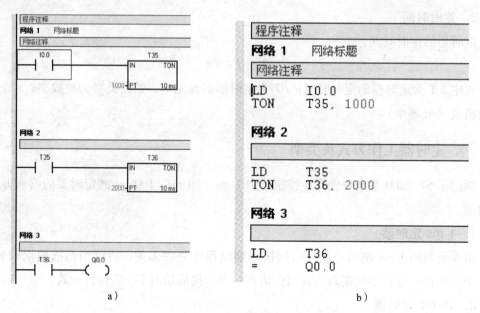

a)   b)

图1—20   定时器的串级组合

a) 梯形图   b) 指令表

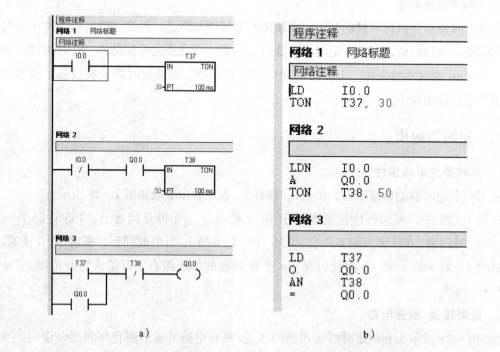

a)   b)

图1—21   延时接通/断开电路控制程序

a) 梯形图   b) 指令表

的常闭触点断开，Q0.0 由 ON 变为 OFF。虽然 I0.0 控制 Q0.0 的通断，但是 Q0.0 并不是随着 I0.0 的变化而即时变化，这主要是因为设置了定时器。

3．脉冲宽度可控制电路

如图 1—22 所示是利用定时器实现脉冲宽度可控制电路的程序和指令语句。该电路在输入信号宽度不规范的情况下，要求在每一个输入信号的上升沿产生一个宽度固定的脉冲，该脉冲宽度可以调节。当 I0.0 由 OFF 变为 ON 时，M0.0 接通，并且通过 M0.0 的常开触点与 T37 的常闭触点进行自保，T37 开始计时，同时 Q0.0 变为 ON，T37 计时时间到，T37 的常闭点断开，Q0.0 由 ON 变为 OFF，由此产生一个 2 s 的脉冲，当 I0.0 的下一个上升沿到来时，重复上述过程。

需要说明的是，如果输入信号的两个上升沿之间的距离小于该脉冲宽度，则忽略输入信号的第二个上升沿。图 1—22 中关键是找出定时器 T37 的计时逻辑，使其不论在 I0.0 的宽度大于或小于 2 s 时，都可使 Q0.0 的宽度为 2 s，这里通过调节 T37 设定值 *PT* 的大小，就可控制 Q0.0 的宽度。该宽度不受 I0.0 接通时间长短的影响，脉冲宽度可控制。

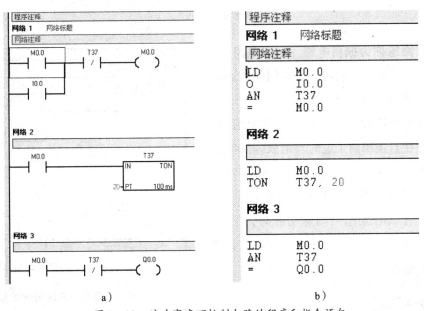

图 1—22　脉冲宽度可控制电路的程序和指令语句

a）梯形图　b）指令表

4．闪烁电路

如图 1—23 所示是利用定时器实现闪烁电路的程序和指令语句。在该例中，当 I0.0 有效时，T37 就会产生一个 1 s 通、2 s 断的闪烁信号。Q0.0 的输出和 T37 的输出一样。

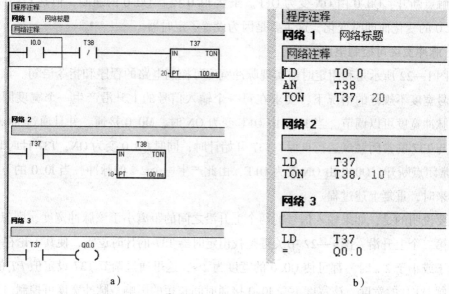

图1—23 闪烁电路程序

a）梯形图 b）指令表

闪烁电路也称为振荡电路。闪烁电路实际上就是一个时钟电路，它可以是等间隔的通断，也可以是不等间隔的通断。

在实际的程序设计中，如果电路中用到闪烁功能，往往直接用两个定时器组成闪烁电路，其程序如图1—24所示。这个电路不管其他信号如何，只要可编程序控制器接通电源，它就开始工作。什么时候用到闪烁功能时，把T37的常开触点（或常闭触点）串联上即可。通断时间可以根据需要任意设定。

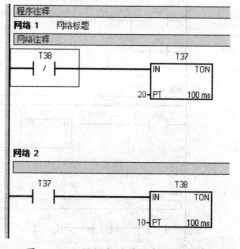

图1—24 闪烁电路修改梯形图程序

【任务实施】

一、控制要求分析

1. 能够用按钮控制电动机的启动和停止。

2. 电动机启动时定子绕组接成Ｙ形，延时5 s后，自动将电动机的定子绕组换接成△形。

3. 具有短路保护和过载保护等必要的保护措施。

二、编写输入/输出分配表

丫—△降压启动控制电路的输入/输出分配表见表1—9。

表1—9　　　　　　　　丫—△降压启动控制电路的输入/输出分配表

序号	PLC 地址	设备接线	注释
1	I0.0	SB1（工业电器单元－2）	停止按钮
2	I0.1	SB2（工业电器单元－2）	启动按钮
3	I0.3	KH（工业电器单元－2）	过载保护
4	Q0.0	KM1（工业电器单元－1）	电源控制
5	Q0.1	KM2（工业电器单元－1）	△形联结
6	Q0.2	KM3（工业电器单元－1）	丫形联结

三、编制控制程序

梯形图如图1—25所示。指令表如1—26所示。

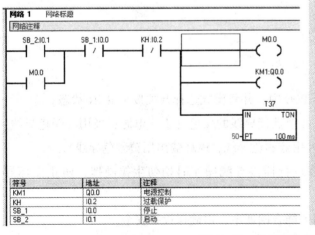
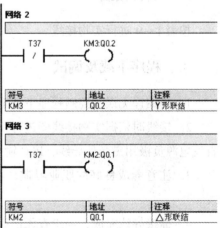

图1—25　梯形图控制程序

程序注释		
网络 1 网络标题		
网络注释		
LD	SB_2:I0.1	
O	M0.0	
AN	SB_1:I0.0	
AN	KH:I0.2	
=	M0.0	
=	KM1:Q0.0	
TON	T37, 50	

符号	地址	注释
KM1	Q0.0	电源控制
KH	I0.2	过载保护
SB_1	I0.0	停止
SB_2	I0.1	启动

网络 2		
LDN	T37	
=	KM3:Q0.2	

符号	地址	注释
KM3	Q0.2	Y 形联结

网络 3		
LD	T37	
=	KM2:Q0.1	

符号	地址	注释
KM2	Q0.1	△ 形联结

图 1—26 指令表

建议：梯形图的编程方法有多种形式，尝试一下其他方法。

四、实物接线

按表 1—9 进行实物接线。

五、程序下载及调试

1. 将编译无误的控制程序下载至 PLC 中，并将模式选择开关拨至 RUN 状态。

2. 接线时依据实物接线图进行，注意插接导线的颜色（直流电源正极用红颜色导线，直流电源负极用黑颜色导线，PLC 输入用蓝颜色导线，PLC 输出用黄颜色导线）。

3. 注意养成良好的职业习惯，在进行插接导线操作时切勿生拉硬拽，防止损坏导线。

4. 插接导线完成，经检查无误后方能合闸通电，以确保设备安全。

5. 接电动机的 T1、T2、T3 为交流 380 V 电压，要特别注意人身和设备的安全。

6. 调试完成后，应注意断电后再拔下连接导线。

【任务扩展】

1. 试设计一个长时间的定时器。

2. 编制一个程序，控制要求如下：按下启动按钮，L0 亮 1 s 后熄灭，L1 亮 1 s 后熄灭，L2 亮 1 s 后熄灭；接着又是 L0 亮 1 s 后熄灭……如此不断循环。按下停止按钮，L0、L1、L2 均熄灭。

3. 设计一个锅炉鼓风机与排风机电路（时序图见图 1—27），控制要求：启动时，排风机先启动 6 s 后鼓风机自动启动（鼓风机是 丫—△ 降压启动控制）。停止时，鼓风机先停止 8 s 后排风机自动停止。

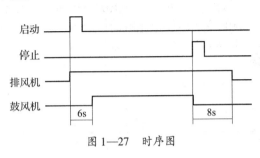

图 1—27 时序图

【任务评价】

丫—△降压启动控制电路的改造任务评价表

序号	项目与技术要求	配分	评分标准	自检记录	交检记录	得分
1	正确选择输入/输出端口	20	输入/输出分配表中，每错一项扣 5 分			
2	正确编制梯形图程序	20	梯形图格式正确，程序时序逻辑正确，整体结构合理，每错一处扣 5 分			
3	正确写出指令表程序	10	各指令使用准确，每错一处扣 2 分			
4	外部接线正确	20	电源线、通信线及 I/O 信号线接线正确，每错一处扣 5 分			

续表

序号	项目与技术要求	配分	评分标准	自检记录	交检记录	得分
5	写入程序并进行调试	20	操作步骤正确，动作熟练（允许根据输出情况进行反复修改和改善）。若有违规操作，每次扣10分			
6	运行结果及口试答辩	10	程序运行结果正确，表述清楚，口试答辩正确，对运行结果表述不清楚者扣5分			
7	其他		态度认真，积极完成，认真学习相关知识，遵守劳动纪律，有良好的职业道德和习惯；否则，酌情扣分			
学员任务实施过程的小结及反馈：						
教师点评：						

任务四　单按钮控制指示灯启停电路程序编制及调试

【任务描述】

本任务介绍了西门子 S7－200 可编程序控制器的正负跃变、计数器指令的含义和使用方法。

本任务完成单按钮控制指示灯启停电路控制，单个按钮控制一个指示灯，第一次按下按钮指示灯亮，第二次按下按钮指示灯灭，以此类推，即按下按钮奇数次启动电路，按下按钮偶数次停止电路。如果用继电器控制解决此问题几乎不可能，但用可编程序控制器解决此问题就变得比较简单了。

本任务的程序编制过程说明了解决同一个问题可以有不同的编程方法。如图 1—28 所示为单按钮控制指示灯启停电路可编程序控制器的接线图。

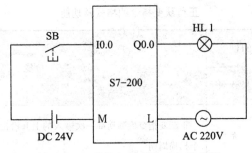

图1—28 单按钮控制指示灯接线图

【任务分析】

该任务介绍了正负跃变指令和计数器指令。正负跃变指令的作用是在程序中检测其前方逻辑运算状态的改变，将一个长信号变为短信号。定时器是对可编程序控制器内部的时钟脉冲进行计数，而计数器是对外部或由程序产生的计数脉冲进行计数。定时器是计时的，计数器是计数的。

通过编制程序说明了编程的方法不同，会造成程序繁简不一，如何在保证实现控制要求的基础上编制出最佳的程序，是本次的学习目标。

【相关知识】

一、正负跃变指令

1. 指令的含义

当信号从0变1时，将产生一个上升沿（或正跳沿），而从1变0时，则产生一个下降沿（或负跳沿），如图1—29所示。

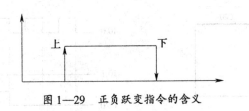

图1—29 正负跃变指令的含义

2. 正负跃变指令格式和功能

正负跃变指令格式和功能见表1—10。

表1—10   正负跃变指令的格式及功能

梯形图 LAD	语句表STL		功能
	操作码	操作数	
─┤ ├─	EU	无	正跃变指令检测到每一次输入的上升沿出现时，都将使得电路接通一个扫描周期
─┤ ├─	ED	无	负跃变指令检测到每一次输入的下降沿出现时，都将使得电路接通一个扫描周期

二、计数器指令

计数器分为增计数器、减计数器、增/减计数器。

1. 增计数器（加计数器）

在 CU 端输入脉冲上升沿，计数器的当前值增 1 计数。当前值大于或等于设定值（PV）时，计数器状态位置 1。当前值累加的最大值为 32 767。复位输入（R）有效时，计数器状态位复位（置 0），当前计数置 0，如图 1—30 所示。

应用举例：梯形图程序如图 1—31 所示，时序图如图 1—32 所示。

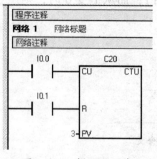

图 1—31 梯形图程序

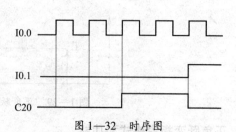

图 1—32 时序图

2. 减计数器

在计数脉冲的上升沿减 1 计数，当前值从预置值开始减至 0 时，定时器输出状态位置 1，在复位脉冲的上升沿，定时器状态位置 0（复位），当前值等于预置值，为下次计数工作做好准备, 如图 1—33 所示。

3. 增/减计数器

增/减计数器有两个脉冲输入端, 其中 CU 端用于加计数, CD 端用于减计数, 执行加/减计数时, CU/CD 端的计数脉冲上升沿加 1/减 1 计数。当前值大于或等于计数器设定值 (PV) 时, 计数器状态位置位。复位输入 (R) 有效或执行复位指令时, 计数器状态位复位, 当前值清零, 如图 1—34 所示。

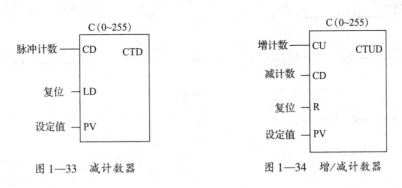

图 1—33 减计数器　　　　　　图 1—34 增/减计数器

4. 计数器各端

CU 为加计数脉冲输入端, CD 为减计数脉冲输入端, R 为复位端, PV 为设定值。当 R 端为 0 时, 计数脉冲有效; 当 CU 端 (CD 端) 有上升沿输入时, 计数器当前值加 1 (或减 1)。当计数器当前值大于或等于设定值时, 状态位也清零。计数范围为 – 32 767 ~ 32 767。

【任务实施】

一、控制要求分析

单个按钮控制一个指示灯, 第一次按下按钮指示灯亮, 第二次按下按钮指示灯灭, 以此类推, 即按下按钮奇数次启动电路, 按下按钮偶数次停止电路。

二、编写输入/输出分配表

输入/输出分配表见表 1—11。

表 1—11　　　　　　　　　　　输入/输出分配表

序号	PLC 地址	设备接线	注释
1	I0.0	SB (工业电器单元 – 2)	启动按钮
2	Q0.0	HL1 (工业电器单元 – 2)	指示灯控制

三、程序编制

1. 第一种编程方法

第一种编程方法如图1—35所示。

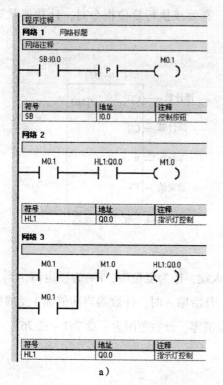
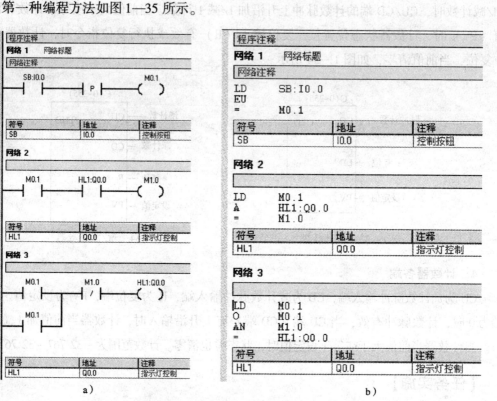

图1—35　第一种编程方法

a）梯形图　b）指令表

第一种编程方法的特点就是当处在正跃变指令前面的触点信号从 OFF 变 ON 时，只接通一个扫描周期。当按一下按钮时，I0.0 由 OFF 变 ON，这时上升沿（正跃变）触发 EU 指令，使 M0.1 只接通一个扫描周期。在本周期内接下来的扫描行是确定 M1.0 的状态，因 M0.1 是接通状态，而 Q0.0 是断开状态，所以 M1.0 是断开状态。

最后是确定 Q0.0 的状态，因 M0.1 是接通状态，而 M1.0 是断开状态，那 M1.0 的动断触点是 ON，这样使得 Q0.0 得电吸合成为接通状态，指示灯亮。在接下来的第二个扫描周期，即使按钮还没有松开，I0.0 还处于 ON 状态，由于 P 指令的作用，M0.1 变成了断开状态，也就是说从第二个周期开始，M0.1 总是断开状态，下面的 M1.0 也不具备得电吸合的条件，始终处于断开状态，Q0.0 仍然是接通状态。接下来就是松开按钮，三个线圈的状态仍然与第二个扫描周期的相同，指示灯始终亮着。

当第二次按下按钮时，就会出现 M0.1 与 M1.0 都是接通状态，而 Q0.0 成为断开状态，指示灯就熄灭了。从第二次按下按钮的第二个扫描周期开始，三个线圈的状态都变成 OFF 了，恢复为原始状态。在这以后，当第 3 次按下按钮时，又开始了启动操作，由此进行启、停指示灯。

2. 第二种编程方法

第二种编程方法如图 1—36 所示。

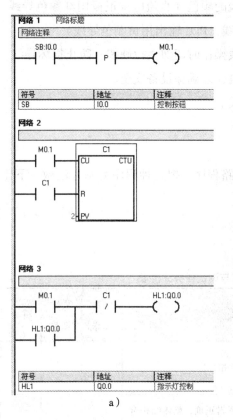

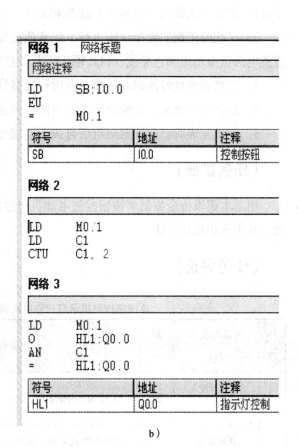

a)　　　　　　　　　　　　　b)

图 1—36　第二种编程方法

a) 梯形图　b) 指令语句

第二种编程方法是利用了计数器的特点：当按一下按钮时，I0.0 由 OFF 变 ON，这时上升沿（正跃变）触发 EU 指令，使 M0.1 只接通一个扫描周期。在本周期内接下来的扫描行 C1 得到一个输入信号，第三个扫描 M0.1 由 OFF 变 ON，C1 只得到一个输入信号，C1 的动断触点是 ON，即 Q0.0 线圈得电，所以指示灯亮。

第二次按按钮时 C1 得到了两次输入信号，C1 动作，第二个扫描行 C1 的动合触点使 C1 复位，第三个扫描行 C1 的动断触点使 Q0.0 失电，指示灯灭。

四、实物接线

按表1—11进行实物接线。

五、程序下载及调试

1. 将编译无误的控制程序下载至 PLC 中，并将模式选择开关拨至 RUN 状态。

2. 接线时依据实物接线图进行，注意插接导线的颜色（直流电源正极用红颜色导线，直流电源负极用黑颜色导线，PLC 输入用蓝颜色导线，PLC 输出用黄颜色导线）。

3. 注意养成良好的职业习惯，在进行插接导线操作时切勿生拉硬拽，防止损坏导线。

4. 插接导线完成，经检查无误后方能合闸通电，以确保设备安全。

5. 调试完成后，应注意断电后再拔下连接导线。

【任务扩展】

用基本逻辑指令编制单按钮控制电动机启停电路程序，把几种程序编制方法做一下比较，从中选出最优方法。

【任务评价】

单按钮控制指示灯启停电路编程与调试任务评价表

序号	项目与技术要求	配分	评分标准	自检记录	交检记录	得分
1	正确选择输入/输出端口	20	输入/输出分配表中，每错一项扣 5 分			
2	正确编制梯形图程序	20	梯形图格式正确，程序时序逻辑正确，整体结构合理，每错一处扣 5 分			
3	正确写出指令表程序	10	各指令使用准确，每错一处扣 2 分			
4	外部接线正确	20	电源线、通信线及输入/输出信号线接线正确，每错一处扣 5 分			
5	写入程序并进行调试	20	操作步骤正确，动作熟练（允许根据输出情况进行反复修改和改善）。若有违规操作，每次扣 10 分			

序号	项目与技术要求	配分	评分标准	自检记录	交检记录	得分
6	运行结果及口试答辩	10	程序运行结果正确，表述清楚，口试答辩正确，对运行结果表述不清楚者扣5分			
7	其他		态度认真，积极完成，认真学习相关知识，遵守劳动纪律，有良好的职业道德和习惯；否则，酌情扣分			
学员任务实施过程的小结及反馈：						
教师点评：						

任务五　抢答器控制电路程序编制及调试

【任务描述】

本任务介绍西门子 S7 – 200 可编程序控制器的一个重要指令——置位/复位指令的含义及应用方法。

本任务为设计一个四组抢答器，要求有互锁功能，如果用继电器控制解决此问题会比较烦琐，但用可编程序控制器解决起来就比较简单。如图 1—37 所示为四组抢答器电路可编程序控制器的接线图。

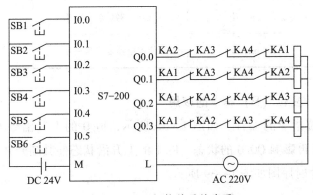

图1—37　四组抢答器接线图

【任务分析】

在可编程序控制器编制程序过程中，极易出现双线圈输出的问题（所谓双线圈输出，即在程序的不同网络中，线圈出现了两次及以上。这种情况在编制程序中要坚决避免）。置位/复位指令可以有效地避免该问题，这是因为：

1. 置位/复位指令具有保持功能，当置位或复位条件满足时，输出状态保持为 1 或 0。

2. 对同一元件可以多次使用置位/复位指令（与 = 指令不同）。

3. 由于是扫描工作方式，故写在后面的指令有优先权。

4. 对计数器和定时器复位，计数器和定时器的当前值将被清 0。

5. 置位/复位元件 bit 可为 Q、M、SM、T、C、V、S 等。

6. 置位/复位元件数目 n 取值范围为 1 ~ 255。

置位/复位指令是以后编程中经常会使用到的指令。本任务通过实例介绍了如何使用置位/复位指令。

【相关知识】

一、西门子 S7 – 200 可编程序控制器基本指令

1. 置位/复位指令功能

置位/复位指令功能见表 1—12。

表 1—12　　　　　　　　　　　　置位/复位指令功能

指令名称	指令符	功能	操作数
置位	S bit, N	置继电器状态为接通	Bit: Q, M, SM, V, S
复位	R bit, N	使继电器复位为断开	

2. 置位（S）/复位（R）指令的应用

（1）置位/复位指令的编程。如图 1—38 所示，I0.0 的上升沿令 Q0.0 接通并保持，即使 I0.0 断开也不再影响 Q0.0 的状态。I0.1 的上升沿状态使其断开并保持断开状态。

置位/复位指令时序图如图 1—39 所示。

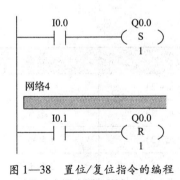

图1—38 置位/复位指令的编程

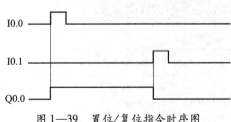

图1—39 置位/复位指令时序图

（2）对同一元件可以多次合用S/R指令。实际上图1—38所示的例子组成一个S－R触发器，当然也可把次序反过来，组成R－S触发器。但要注意，由于是扫描工作方式，故写在后面的指令有优先权。如此例中，若I0.0和I0.1同时为1，则Q0.0为0。S/R指令写在后面的有优先权。

二、置位/复位指令编程特点

1. 应用置位/复位指令无须自锁（S/R指令具有保持功能，当置位或复位条件满足时，输出状态保持为1或0）。

2. 应用置位/复位指令可以解决双线圈输出的问题，尤其适用于程序较复杂时（对同一元件可以多次使用S/R指令）。

【任务实施】

一、控制要求分析

系统初始上电后，主控人员在总控制台上点击"开始"按键后，允许各队人员开始抢答，即各队抢答按键有效。抢答过程中，1～4队中的任何一队抢先按下各自的抢答按键（SB1、SB2、SB3、SB4）后，该队指示灯（HL1、HL2、HL3、HL4）点亮，并且其他队的人员继续抢答无效。主控人员对抢答状态确认后，点击"复位"按键，系统又继续允许各队人员开始抢答，直至又有一队抢先按下自己的抢答按键。

二、编写输入/输出分配表

输入/输出分配表见表1—13。

表1—13 输入/输出分配表

序号	PLC 地址	设备接线	注释
1	I0.0	SB1（工业电器单元－2）	开始
2	I0.1	SB2（工业电器单元－2）	复位
3	I0.2	SB3（工业电器单元－2）	1 队抢答
4	I0.3	SB4（工业电器单元－2）	2 队抢答
5	I0.4	SB5（工业电器单元－2）	3 队抢答
6	I0.5	SB6（工业电器单元－2）	4 队抢答
7	Q0.0	HL1（工业电器单元－2）	1 队抢答显示
8	Q0.1	HL2（工业电器单元－2）	2 队抢答显示
9	Q0.2	HL3（工业电器单元－2）	3 队抢答显示
10	Q0.3	HL4（工业电器单元－2）	4 队抢答显示

三、编写程序

梯形图如图1—40 所示。

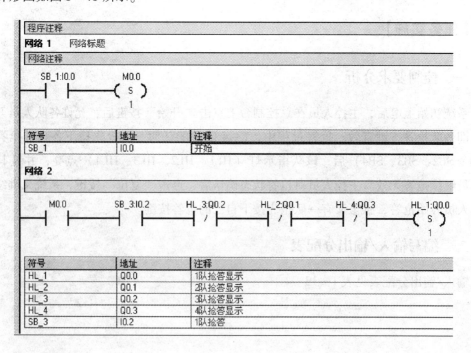

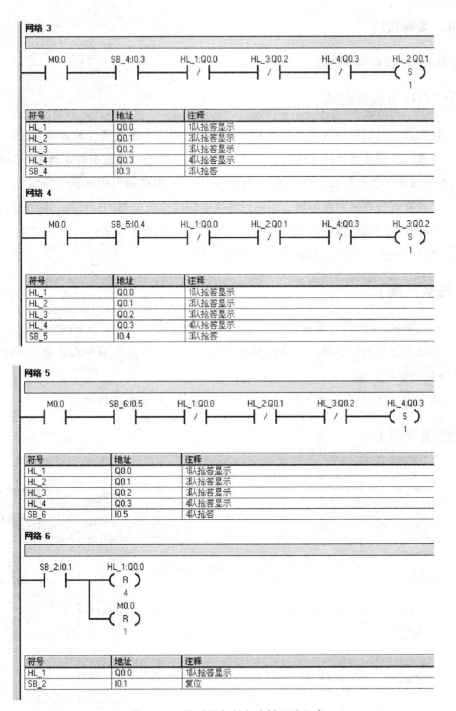

图 1—40　抢答器控制电路梯形图程序

四、实物接线

按表1—13进行实物接线。

五、程序下载及调试

1. 将编译无误的控制程序下载至 PLC 中，并将模式选择开关拨至 RUN 状态。

2. 接线时依据实物接线图进行，注意插接导线的颜色（直流电源正极用红颜色导线，直流电源负极用黑颜色导线，PLC 输入用蓝颜色导线，PLC 输出用黄颜色导线）。

3. 注意养成良好的职业习惯，在进行插接导线操作时切勿生拉硬拽，防止损坏导线。

4. 插接导线完成经检查无误后方能合闸通电，以确保设备安全。

5. 调试完成后，应注意断电后再拔下连接导线。

【任务扩展】

1. 应用置位/复位指令编制典型电动机控制电路。

2. 用基本逻辑指令编制抢答器控制电路程序，把几种程序编制方法做一下比较，从中选出最优的编程方法。

3. 用置位/复位指令编制三相交流异步电动机顺序控制电路程序。

【任务评价】

抢答器控制电路编程与调试任务评价表

序号	项目与技术要求	配分	评分标准	自检记录	交检记录	得分
1	正确选择输入/输出端口	20	输入/输出分配表中，每错一项扣5分			
2	正确编制梯形图程序	20	梯形图格式正确，程序时序逻辑正确，整体结构合理，每错一处扣5分			
3	正确写出指令表程序	10	各指令使用准确，每错一处扣2分			
4	外部接线正确	20	电源线、通信线及 I/O 信号线接线正确，每错一处扣5分			

续表

序号	项目与技术要求	配分	评分标准	自检记录	交检记录	得分
5	写入程序并进行调试	20	操作步骤正确，动作熟练（允许根据输出情况进行反复修改和改善）。若有违规操作，每次扣10分			
6	运行结果及口试答辩	10	程序运行结果正确，表述清楚，口试答辩正确，对运行结果表述不清楚者扣5分			
7	其他		态度认真，积极完成，认真学习相关知识，遵守劳动纪律，有良好的职业道德和习惯；否则，酌情扣分			

学员任务实施过程的小结及反馈：

教师点评：

任务六 十字路口交通灯控制程序编制及调试

【任务描述】

本任务介绍西门子 S7－200 可编程序控制器的一个重要指令——比较指令的含义及应用方法。

本任务为设计一个交通灯控制系统，要求模拟路口指示灯动作方式。如果用继电器控制解决此问题会比较烦琐，但用可编程序控制器解决起来就很简单。如图1—41所示为十字路口交通灯控制电路可编程序控制器的接线图。

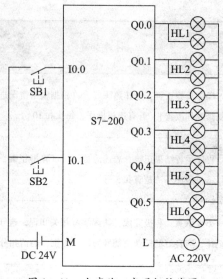

图1—41　十字路口交通灯接线图

【任务分析】

本任务将介绍比较指令，通过实例讲解比较指令的使用及编程方法，所以首先应该了解西门子 S7－200 可编程序控制器指令参数所用的基本数据类型。

交通灯控制系统有一个频闪的动作，应该了解 SMB0 位（系统状态位）的含义，应用 SMB0 位编程可以简化程序的编制。

【相关知识】

一、西门子 S7－200 可编程序控制器的数据类型

西门子 S7－200 可编程序控制器指令参数所用的基本数据类型有 1 位布尔型（BOOL）、8 位字节型（BYTE）、16 位无符号整数（WORD）、16 位有符号整数（INT）、32 位无符号双字整数（DWORD）、32 位有符号双字整数（DINT）、32 位实数型（REAL）几种。

S7－200 的 CPU 中存放的数据类型为 BOOL、BYTE、WORD、INT、DWORD、DINT 和 REAL。不同的数据类型具有不同的数据长度和数据范围。在上述数据类型中，用字节（B）、字（W）型、双字（D）型分别表示 8 位、16 位、32 位的数据长度，详见表1—14。

表 1—14   数据类型和取值范围

数据类型	数据长度	取值范围
布尔型	1 位	真（1）；假（0）
无符号整数	B（字节）；8 位	0～255（十进制）　0～FF（十六进制）
	W（字）；16 位	0～65535（十进制）　0～FFFF（十六进制）
	D（双字）；32 位	0～4294967295（十进制） 0～FFFFFFFF（十六进制）
有符号整数	B（字节）；8 位	−128～127（十进制）　80～7F（十六进制）
	W（字）；16 位	−32768～32767（十进制） 8000～7FFF（十六进制）
	D（双字）；32 位	−2147483648～2147483647（十进制） 80000000～7FFFFFFF（十六进制）
IEEE32 位单精度浮点数	D（双字）；32 位	−3.402823E+38～−1.175495E−38（负数） +1.175495E−38～+3.402823E+38（正数）
字符列表	B（字节）；8 位	ASCII 字符 汉字内码（每个汉字 2 字节）
字符串	B（字节）；8 位	1～254 个 ASCII 字符 汉字内码（每个汉字 2 字节）

二、数据的寻址方式

西门子 S7－200 可编程序控制器的 CPU 将信息储存在不同的存储器单元中，每个单元都有地址。CPU 使用数据地址访问所有的数据，称为寻址。

1. 直接寻址

在西门子 S7－200 可编程序控制器系统中，可以按位、字节、字和双字对存储单元寻址。

二进制数的 1 位（bit）只有 0 和 1 两种不同的取值，可用来表示开关量（或称为数字量）的两种不同状态，如触点的断开和接通、线圈的通电和断电等。如果该位为 1，则表示梯形图中对应的编程元件的线圈通电，其常开触点接通，常闭触点断开，以后称该编程元件为 1 状态，或称该编程元件 ON（接通）；如果该位为 0，对应的编程元件的线圈和触

49

点的状态与上述的相反，称该编程元件为 0 状态，或称该编程元件 OFF（断开）。位数据的数据类型为 BOOL（布尔型）。

8 位二进制数组成 1 个字节（Byte，见图 1—42），其中的第 0 位为最低位（LSB）、第 7 位为最高位（MSB）。两个字节组成 1 个字（Word），两个字组成 1 个双字。一般用二进制补码表示有符号数，其最高位为符号位，最高位为 0 时为正数，为 1 时为负数。

（1）位寻址（bit）。位存储单元的地址中需指出存储器位于哪一个区，并指出字节的编号及位号。即地址由字节地址和位地址组成，并且以小数点作为分隔符，因此这种存取方式称为字节·位寻址方式。如 I3·2，其中的区域标识符"I"表示输入（Input），字节地址为 3，位地址为 2，如图 1—42 所示。字节·位寻址是针对逻辑变量存储的寻址方式。

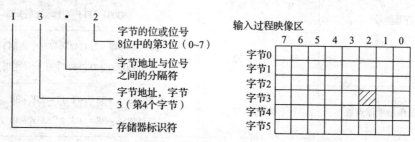

图 1—42　字节·位寻址

（2）字节寻址（8bit）。字节寻址在数据长度短于 1 个字节时使用。字节寻址由存储区标识符、字节标识符及字节地址组合而成，如图 1—43 所示的 VB100。

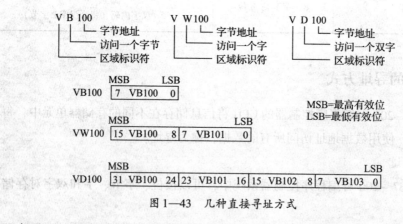

图 1—43　几种直接寻址方式

（3）字寻址（16bit）。字寻址用于数据长度大于 2 个字节的场合。字寻址由存储区标识符、字标识符及首字节地址组合而成，如图 1—43 所示的 VW100。VW100 表示由相邻的两个字节 VB100 和 VB101 组成的 1 个字，其中的 V 为区域标识符，W 表示字（Word），100 为起始字节的地址。

（4）双字寻址（32bit）。双字寻址用于数据长度需 4 个字节的场合。双字寻址由存储区标识符、双字标识符及首字节地址组合而成，如图 1—43 所示的 VD100。在选用了同一字节地址作为起始地址，分别以字节、字及双字寻址时，其所表示的地址空间是不同的。当涉及多字节组合寻址时，S7 - 200 遵循高地址、低字节的规律。如 VD100 中，VB100 存放于高地址中，故 VD100 中的 VB100 称为最高有效字节。

一些存储数据专用的存储单元不支持位寻址方式，主要有模拟量输入、输出存储器、累加器及计时、计数器的当前值存储器等。还有一些存储器的寻址方式与数据长度不方便统一，如累加器不论采用字节、字或双字寻址，都要占用全部 32 位存储单元。与累加器不同，模拟量输入、输出单元为字节标号，但由于可编程控制器中规定模拟量为 16 位，模拟量单元寻址时均以偶数标识。

2. 间接寻址

间接寻址方式是数据存放在存储器或寄存器中，在指令中只出现所需数据所在单元的内存地址。存储单元地址的地址又称为地址指针。这种间接寻址方式与计算机的间接寻址方式相同。间接寻址在处理内存连续地址中的数据时非常方便，而且可以缩短程序所生成的代码的长度，使编程更加灵活。

用间接寻址方式存取数据的工作方式有 3 种：建立指针、间接存取和修改指针。

（1）建立指针。建立指针必须用于双字传送指令（MOVD），将存储器所要访问的单元地址装入用来作为指针的存储器单元或寄存器，装入的是单元地址，不是数据本身，格式如下。

例：MOVD   &VB200，VD302

MOVD   &MB10，AC2

MOVD   &C2，LD14

其中"&"为地址符号，它与单元编号结合使用，表示所对应单元的 32 位物理地址。VB200 只是一个直接地址的编号，并非其物理地址。指令中的第二个地址数据长度必须是双字长，如 VD、LD、AC 等。建立指针用 MOVD 指令。

（2）间接存取。指令中在操作数的前面加"＊"表示该操作数为一个指针。下面两条指令是建立指针和间接存取的应用方法：

MOVD   &VB200，AC0

MOVW   ＊AC0，AC1

存储区的地址及单元中所存的数据如图 1—44a 所示，执行过程如图 1—44b 所示。

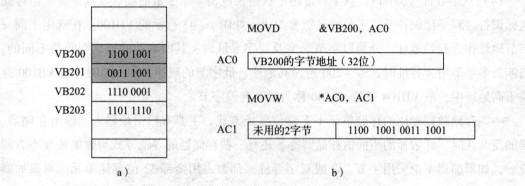

图1—44　建立指针与间接读取

（3）修改指针。修改指针的用法如下：

　　　　　MOVD　&VB200，ACO　　　　//建立指针

　　　　　INCD　ACO　　　　　　　　//修改指针，加1

　　　　　INCD　ACO　　　　　　　　//修改指针，再加1

　　　　　MOVW　* ACO，AC1　　　　　//读指针

执行结果如图1—45所示。

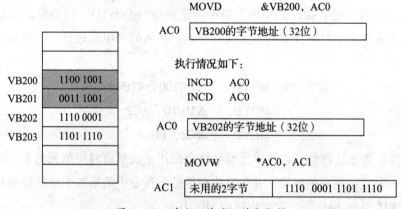

图1—45　建立、修改、读取指针

　　VW0为16位二进制数，由VB0、VB1两个字节组成，其中VB0中的8位为高8位，VB1中的8位为低8位。把VB0中的25转化成8位二进制数为0001 1001，把VB1中的36转化成8位二进制数为0010 0100，故VW0的16位二进制数为：0001 1001 0010 0100，把此数转化成十进制为6436，所以VW0 =6436。V0. 5表示变量存储器V的第0个字节的第5位的状态，即为0。

三、比较指令

1. 比较指令简介

比较指令又称为触点比较指令，用于两个相同数据类型的有符号数或无符号数 IN1 和 IN2 的比较判断操作。

比较运算符有等于（=）、大于等于（>=）、小于等于（<=）、大于（>）、小于（<）、不等于（<>），共 6 种比较形式。

在梯形图中，比较指令是以动合触点的形式编程的，在动合触点的中间注明比较参数和比较运算符。触点中间的参数 B、I、D、R 分别表示字节、整数、双字、实数，当比较的结果满足比较关系式给出的条件时，则该动合触点闭合。梯形图及语句表中比较指令的基本格式如图 1—46 所示。

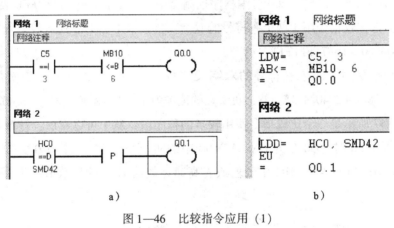

图 1—46　比较指令应用（1）

a）梯形图　b）语句表

图中第一段程序行中有两条比较指令，第一条是计数器 C5 与整数 3 比较，如 C5 中的计数值与 3 相等，该动合触点将闭合为 ON 状态。指令中的 C5 即操作数 IN1，3 即操作数 IN2，触点中间的参数 I 表示与整数比较，运算符是 "="号，说明 IN1 与 IN2 如相等，此触点就为 ON 状态。后面的第二条是 MB10 与 6 相比较，这条的比较指令的参数是 B，也就是说这是一条字节比较指令，意思是当字节 MB10 中的数据大于或等于 6 时条件满足，此时触点为 ON 状态，那么当两条指令的条件都满足时线圈 Q0.0 也就为 ON 状态。

第二段程序行中是一条双字比较指令，这里的操作数 IN1 是 0 号高速计数器 HC0，操作数 IN2 是 HC0 的设定值存放地址 SMD42，当两者相等时，线圈 Q0.1 为 ON 状态。从这里可看出操作数 IN1、操作数 IN2 与比较参数都是统一对应的，不可错用。

表 1—15 列出了比较指令的操作数 IN1 与 IN2 的寻址范围。

表 1—15　　　　　　　　　　比较指令的操作数 IN1 和 IN2 的寻址范围

操作数	类型	寻址范围
IN1 IN2	字节	VB、IB、QB、MB、SB、SMB、LB、＊VD、＊AC、＊LD 和常数
	整数	VW、IW、QW、MW、SW、SMW、LW、AIW、T、C、AC、＊VD、＊AC、＊LD 和常数
	双字	VD、ID、QD、MD、SD、SMD、LD、HC、AC、＊VD、＊AC、＊LD 和常数
	实数	VD、ID、QD、MD、SD、SMD、LD、AC、＊VD、＊AC、＊LD 和常数

2. 比较指令的应用

字节比较指令用于两个无符号的整数字节 IN1 和 IN2 的比较。

整数比较指令用于两个有符号的一个字长的整数 IN1 和 IN2 的比较。整数范围为十六进制的 8000 到 7FFF，在 S7 – 200 可编程序控制器中，用 16#8000 ~ 16#7FFF 表示。

双字节整数比较指令用于两个有符号的双字长整数 IN1 和 IN2 的比较。双字整数的范围为 16#80000000 ~ 16#7FFFFFFF。

实数比较指令用于两个有符号的双字长实数 IN1 和 IN2 的比较，正实数的范围为 + 1. 175495E – 38 ~ + 3. 402823E + 38，负实数的范围为 – 1. 175495E – 38 ~ – 3. 402823E + 38。

如图 1—47 所示是一个比较指令使用较多的程序段，从中可以看出：计数器 C10 中的当前值大于等于 20 时，Q0.0 为 ON；VD100 中的实数小于 36.5 且 I0.0 为 ON 时，Q0.1 为 ON；MB1 中的值不等于 MB2 中的值或者高速计数器 HC1 的计数值大于等于 4000 时，Q0.2 为 ON。

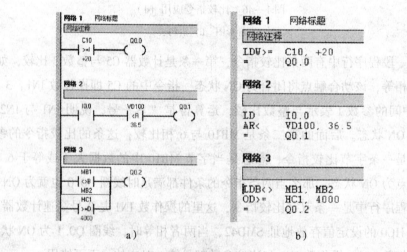

图 1—47　比较指令应用（2）

a) 梯形图　b) 语句表

3．比较指令编程特点

常用的比较指令编程元件定时器、计数器以整数 I 的形式进行编程，高速计数器以双字 D 的形式进行编程，否则程序报错。

四、SMB0 位（只读系统状态位）的含义

SMB0 位（只读系统状态位）的含义见表 1—16。

表 1—16 SMB0 位（只读系统状态位）的含义

序号	SM 位	描述（只读）
1	SM0.0	该位始终为 1
2	SM0.1	该位在首次扫描时为 1，一个用途是调用初始化子例行程序
3	SM0.2	若保持数据丢失，则该位在一个扫描周期中为 1。该位可用作错误储存器位，或用来调用特殊启动顺序功能
4	SM0.3	开机后进入 RUN 模式，该位将 ON 一个扫描周期，该位可用作在启动操作之前给设备提供一个预热时间
5	SM0.4	该位提供了一个时钟脉冲，30 s 为 1，30 s 为 0，占空比周期为 1 min，它提供了一个简单易用的延时或 1 min 的时钟脉冲
6	SM0.5	该位提供了一个时钟脉冲，0.5 s 为 1，0.5 s 为 0，占空比周期为 1 s，它提供了一个简单易用的延时或 1 s 的时钟脉冲
7	SM0.6	该位为扫描时钟，本次扫描时置 1，下次扫描时置 0。可用作扫描计数器的输入
8	SM0.7	该位指示 CPU 模式开关的位置（0 为 TERM 位置，1 为 RUN 位置）。当开关在 RUN 位置时，用该位可使自由端口通信方式有效，那么当切换至 TERM 位置时，同编程设备的正常通信也会有效

SM0.0 位始终为 1。

SM0.1 位在首次扫描时为 1，以后均为零。利用这个特点，在编制顺序控制指令时用 SM0.1 把初始步置位，为后面的程序执行创造条件。

SM0.4、SM0.5 均为时钟脉冲，用这两位可以简化程序的编制。

【任务实施】

一、控制要求分析

交通信号灯时序图如 1—48 所示。

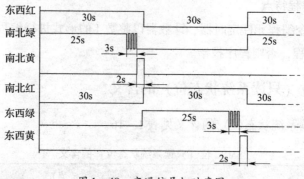

图1—48　交通信号灯时序图

二、编制输入/输出分配表

输入/输出分配表见表1—17。将南北红灯 HL1、HL2，南北绿灯 HL3、HL4，南北黄灯 HL5、HL6，东西红灯 HL7、HL8，东西绿灯 HL9、HL10，东西黄灯 HL11、HL12 均并联后共用一个输出点。

表1—17　　　　　　　　　　交通信号灯控制输入/输出分配表

序号	PLC 地址	设备接线	注释
1	I0.1	SB1（工业电器单元 – 2）	启动按钮
2	I0.2	SB2（工业电器单元 – 2）	停止按钮
3	Q0.0	HL1（工业电器单元 – 2）	南北红灯
4	Q0.1	HL2（工业电器单元 – 2）	南北绿灯
5	Q0.2	HL3（工业电器单元 – 2）	南北黄灯
6	Q0.3	HL4（工业电器单元 – 2）	东西红灯
7	Q0.4	HL5（工业电器单元 – 2）	东西绿灯
8	Q0.5	HL6（工业电器单元 – 2）	东西黄灯

三、程序编制

梯形图如图1—49 所示。

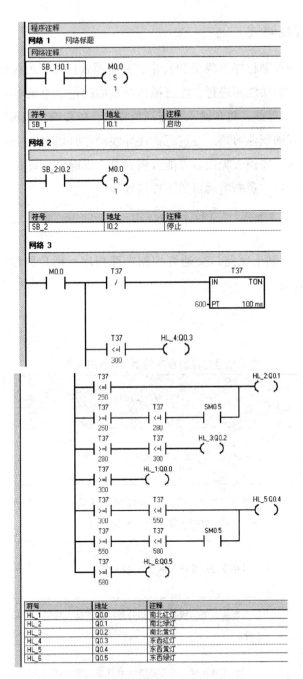

图1—49　交通信号灯控制梯形图程序

四、实物接线

按表1—17进行实物接线。

五、程序下载及调试

1. 将编译无误的控制程序下载至 PLC 中，并将模式选择开关拨至 RUN 状态。

2. 接线时依据实物接线图进行，注意插接导线的颜色（直流电源正极用红颜色导线，直流电源负极用黑颜色导线，PLC 输入用蓝颜色导线，PLC 输出用黄颜色导线）。

3. 注意养成良好的职业习惯，在进行插接导线操作时切勿生拉硬拽，防止损坏导线。

4. 插接导线完成，经检查无误后方能合闸通电，以确保设备安全。

5. 调试完成后，应注意断电后再拔下连接导线。

【任务扩展】

用基本逻辑指令编制十字路口交通灯控制电路程序，把几种程序编制方法做一下比较，从中选出最优方法。

【任务评价】

交通信号灯控制程序编制与调试任务评价表

序号	项目与技术要求	配分	评分标准	自检记录	交检记录	得分
1	正确选择输入／输出端口	20	输入／输出分配表中，每错一项扣 5 分			
2	正确编制梯形图程序	20	梯形图格式正确，程序时序逻辑正确，整体结构合理，每错一处扣 5 分			
3	正确写出指令表程序	10	各指令使用准确，每错一处扣 2 分			
4	外部接线正确	20	电源线、通信线及 I/O 信号线接线正确，每错一处扣 5 分			
5	写入程序并进行调试	20	操作步骤正确，动作熟练（允许根据输出情况进行反复修改和改善）。若有违规操作，每次扣 10 分			
6	运行结果及口试答辩	10	程序运行结果正确，表述清楚，口试答辩正确，对运行结果表述不清楚者扣 5 分			

续表

序号	项目与技术要求	配分	评分标准	自检记录	交检记录	得分
7	其他		态度认真，积极完成，认真学习相关知识，遵守劳动纪律，有良好的职业道德和习惯；否则，酌情扣分			

学员任务实施过程的小结及反馈：

教师点评：

提高篇

【实训内容】

在具备了可编程序控制器基础知识的基础上，本篇将从工艺对象部件单元和工艺对象系统入手，使学习者犹如进入一个实际的环境中，特点是学习场景直观、立体，课题涉及广泛。

任务一　送料小车自动往复运动编程与调试

任务二　三级带输送机的控制编程与调试

任务三　霓虹灯控制系统编程与调试

任务四　三位气动阀的逻辑控制编程与调试

任务五　自动售货机的系统设计

任务六　恒保温箱的远程温度控制

【实训目标】

1. 掌握西门子可编程序控制器 S7－200 指令的使用方法。

2. 掌握程序编制及调试的方法。

3. 掌握工业电器单元－1 的使用方法。

4. 掌握工业电器单元－2 的使用方法。

5. 掌握工艺对象部件单元的使用方法。

6. 掌握工艺对象系统的使用方法。

7. 掌握可编程序控制器单元、编程用计算机系统的使用方法。

【实训设备】

实训设备见表 2—1。

表 2—1　　　　　　　　　　　　　提高篇所用实训设备

序号	名称	数量
1	TVT－HLX－T 设备主体	一套
2	电源单元	一块
3	工业电器单元－1	一块
4	工业电器单元－2	一块
5	S7－200 PLC 模块	一块
6	S7－200 通信电缆	一根
7	工艺对象部件单元	一套
8	工艺对象系统	一套
9	连接导线	若干

任务一 送料小车自动往复运动编程与调试

【任务描述】

本任务介绍功能流程图的基本概念及主要类型，顺序控制指令的使用原则和编程方法，通过实例说明如何使用西门子 S7 – 200 可编程序控制器的功能流程图与顺控指令。

如图 2—1 所示为送料小车自动往复运动的模拟设备。送料小车系统分别在多个工位来回自动送料，小车的运动由一台交流电动机控制。在各工位处，分别安装了传感器

图 2—1 送料小车自动往复运动的模拟设备

SQn，用于检测小车的位置。在小车的左端和右端分别安装了两个行程开关，用于定位小车的原点和右极限位点。

【任务分析】

功能流程图与顺控指令是西门子可编程序控制器 S7 - 200 的一个重要知识点，是有些比较复杂程序编程的基础。

顺序控制指令编程特点：每一个完整的顺序控制指令都有三个部分，顺序状态开始、顺序状态转移均针对顺控继电器 S，而顺序状态结束不针对特定的顺控继电器 S。

【相关知识】

一、功能流程图的基本概念

功能流程图简称功能图，又叫状态流程图或状态转移图。它是一种专门用于顺序控制程序设计的功能说明性语言，能完整地描述控制系统的工作过程、功能和特性，是分析、设计电气控制系统的重要工具。

1. 组成

（1）步。将控制系统的一个周期划分为若干个顺序相连的阶段，这些阶段称为步。一个步对应一个稳定的状态。在功能流程图中，步通常表示某个执行元件的状态变化。

步用矩形框表示，框中的数字是该步的编号，编号可以是该步对应的工步序号，也可以是与该步相对应的编程元件（如可编程序控制器内部的通用辅助继电器、步标志继电器等）。步的图形符号如图 2—2a 所示。

初始步对应于控制系统的初始状态，是系统运行的起点。一个控制系统至少有一个初始步，初始步用双线框表示，如图 2—2b 所示。

（2）有向线段和转移。有向线段和转移及转移条件如图 2—3 所示。

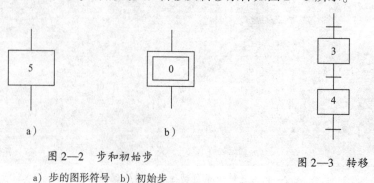

图 2—2　步和初始步
a）步的图形符号　b）初始步

图 2—3　转移

（3）动作说明。一个步表示控制过程中的稳定状态，它可以对应一个或多个动作。可以在步右边加一个矩形框，在框中用简明的文字说明该步对应的动作，如图 2—4 所示。

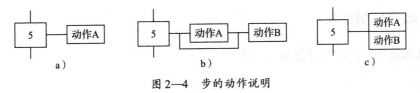

图 2—4　步的动作说明

a）表示一个步对应一个动作　b）和 c）表示一个步对应多个动作

2．使用规则

（1）步与步不能直接相连，必须用转移分开。

（2）转移与转移不能直接相连，必须用步分开。

（3）步与转移、转移与步之间的连线采用有向线段，画功能图的顺序一般是从上向下或从左到右，正常顺序时可以省略箭头，否则必须加箭头。

（4）一个功能图至少应有一个初始步。

3．结构形式

（1）单流程型。单流程型功能图如图 2—5 所示。

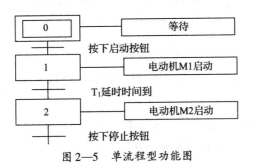

图 2—5　单流程型功能图

（2）分支结构。可选择分支型功能图如图 2—6 所示。并行分支型功能图如图 2—7 所示。

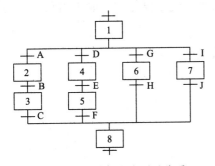

图 2—6　可选择分支型功能图

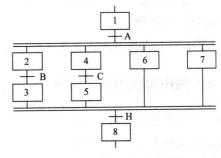

图 2—7　并行分支型功能图

（3）循环结构。

（4）复合结构。

二、顺序控制指令

1. 基本顺序控制指令（见表2—2）

表2—2   顺序控制指令

STL	LAD	功能	操作元件
LSCRS _bit	S_bit ┤├ SCR	顺序状态开始	S（位）
SCRTS_bit	S_bit——（SCRT）	顺序状态转移	S（位）
SCRE	——（SCRE）	顺序状态结束	无

2. 使用说明

（1）顺序控制指令仅对元件 S 有效（顺序控制继电器 S 也具有一般继电器的功能，S 的范围为 S0.0~S31.7）。

（2）SCR 段程序能否执行取决于该状态器（S）是否被置位，SCRE 与下一个 LSCR 之间的指令逻辑不影响下一个 SCR 段程序的执行。

（3）不能把同一个 S 位用于不同程序中，如果在主程序中用了 S0.1，则在子程序中就不能再使用它。

（4）在状态发生转移后，所有的 SCR 段的元件一般也要复位，如果希望继续输出，可使用置位/复位指令。

（5）在使用功能图时，状态器的编号可以不按顺序安排。

三、利用功能图编程举例

1. 单流程型（见图2—8）

2. 可选择分支型（见图2—9）

3. 并行分支型（见图2—10）

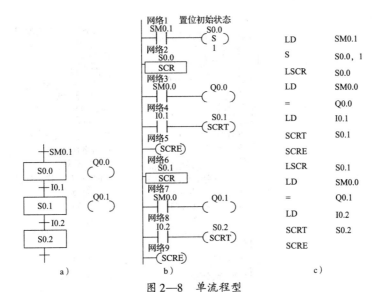

图 2—8 单流程型

a）功能图 b）梯形图 c）语句表

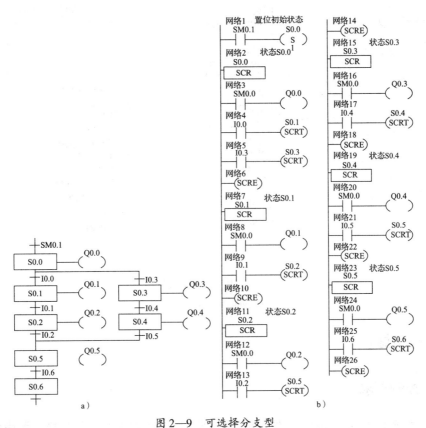

图 2—9 可选择分支型

a）功能图 b）梯形图

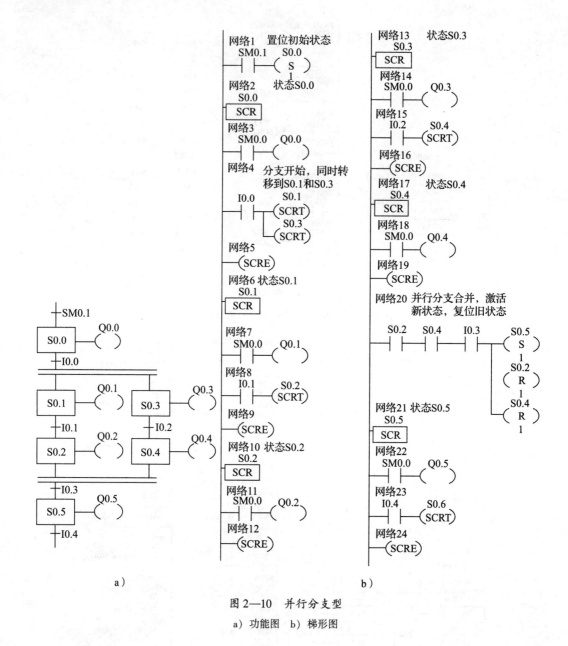

图2—10　并行分支型

a）功能图　b）梯形图

【任务实施】

一、控制要求

1. 当系统上电时，无论小车处于何种状态，首先回到原点准备装料，等待系统的启动。

2．当系统的手/自动转换开关打开自动运行挡时，按下启动按钮，小车首先正向运行到一号工位的位置，等待一定时间（卸料完成）后正向运行到二号工位的位置，等待一定时间（卸料完成）后正向运行到三号工位的位置，停止一定时间后接着反向运行到二号工位的位置，停止一定时间后再反向运行到一号工位的位置，停止一定时间后再反向运行到原点位置，等待下一轮的启动运行。

3．当按下停止按钮时，系统停止运行，如果电动机停止在某一工位，则小车继续停止等待；当小车运行在去往某一工位的途中，则当小车到达该工位后再停止运行。再次按下启动按钮后，设备按剩下的流程继续运行。

4．当系统按下急停按钮时，要求小车立即停止工作，直到急停按钮取消，系统恢复到急停前的状态。

5．当系统的手/自动转换开关打到手动运行挡时，可以通过手动按钮控制小车的正/反向运行。

二、编写输入/输出分配表

送料小车往复运动控制系统输入/输出分配表见表2—3。

表2—3　　　　　　　　送料小车往复运动控制系统输入/输出分配表

序号	PLC 地址	设备接线	注释
1	I0.0	SB1（工业电器单元－2）	启动按钮
2	I0.1	SB2（工业电器单元－2）	停止按钮
3	I0.2	SA（工业电器单元－2）	手自动
4	I0.3	SB0（工业电器单元－2）	急停按钮
5	I0.4	SB3（工业电器单元－2）	手动正转
6	I0.5	SB4（工业电器单元－2）	手动反转
7	I1.1	B01－2（工艺对象单元－1）	SQ1
8	I1.2	B02－2（工艺对象单元－1）	SQ2
9	I1.3	B03－2（工艺对象单元－1）	SQ3
10	I1.4	B04－2（工艺对象单元－1）	SQ4
11	I1.5	B05－2（工艺对象单元－1）	SQ5
12	Q0.0	C01－1（工艺对象单元－2）	KM1
13	Q0.1	C02－1（工艺对象单元－2）	KM2

三、程序编制

Network 1

LD   SM0.1

S   KM2：Q0.1，1

Network 2

LD   SA：I0.2

LPS

A   M5.0

A   SB_1：I0.0

R   M5.0，1

LPP

A   SB_2：I0.1

S   M5.0，1

Network 3

LD   SM0.0

A   SB_0：I0.3

LPS

A   M0.0

AN   SQ_5：I1.5

=   KM1：Q0.0

LPP

A   M0.1

AN   SQ_4：I1.4

=   KM2：Q0.1

Network 4

LD   SM0.0

A   SB_5：I0.6

S   S0.0，1

Network 5

LSCR S0.0

Network 6

LD   SM0.0

LPS

A   SA：I0.2

SCRT S6.0

R   S5.0，1

R   S6.1，1

LPP

AN   SA：I0.2

SCRT S6.1

R   S4.1，7

R   S6.0，1

Network 7

SCRE

Network 8

LSCR S6.0

Network 9

LD   SM0.0

LPS

AN   SQ_4：I1.4

S   M0.1，1

LPP

A   SQ_4：I1.4

R   M0.1，1

SCRT   S4. 1

Network 10
SCRE

Network 11
LSCR   S4. 1

Network 12
LD   SM0. 0
A   SB_1：I0. 0
S   M0. 0，1
SCRT   S4. 2

Network 13
SCRE

Network 14
LSCR   S4. 2

Network 15
LD   SM0. 0
LPS
A   SQ_1：I1. 1
R   M0. 0，1
LRD
A   SQ_1：I1. 1
AN   M5. 0
TON   T37，30
LPP
A   T37
S   M0. 0，1

SCRT   S4. 3

Network 16
SCRE

Network 17
LSCR   S4. 3

Network 18
LD   SM0. 0
LPS
A   SQ_2：I1. 2
R   M0. 0，1
LRD
A   SQ_2：I1. 2
AN   M5. 0
TON   T38，30
LPP
A   T38
S   M0. 0，1
SCRT   S4. 4

Network 19
SCRE

Network 20
LSCR   S4. 4

Network 21
LD   SM0. 0
LPS
A   SQ_3：I1. 3

R   M0. 0，1

LRD

A   SQ_3：I1. 3

AN   M5. 0

TON   T39, 30

LPP

A   T39

S   M0. 1，1

SCRT   S4. 5

Network 22

SCRE

Network 23

LSCR   S4. 5

Network 24

LD   SM0. 0

LPS

A   SQ_2：I1. 2

R   M0. 1，1

LRD

A   SQ_2：I1. 2

AN   M5. 0

TON   T40, 30

LPP

A   T40

S   M0. 1，1

SCRT   S4. 6

Network 25

SCRE

Network 26

LSCR   S4. 6

Network 27

LD   SM0. 0

LPS

A   SQ_1：I1. 1

R   M0. 1，1

LRD

A   SQ_1：I1. 1

AN   M5. 0

TON   T41, 30

LPP

A   T41

S   M0. 1，1

SCRT   S4. 7

Network 28

SCRE

Network 29

LSCR   S4. 7

Network 30

LD   SM0. 0

A   SQ_4：I1. 4

SCRT   S4. 1

Network 31

SCRE

Network 32

LSCR   S6. 1

Network 33

LD   SM0. 0

LPS

AN   SQ_4：I1. 4

S   M0. 1，1

LPP

A   SQ_4：I1. 4

R   M0. 1，1

SCRT   S5. 0

Network 34

SCRE

Network 35

LSCR   S5. 0

Network 36

LD   SM0. 0

LPS

A   SB_4：I0. 5

S   M0. 1，1

LRD

AN   SB_4：I0. 5

R   M0. 1，1

LRD

A   SB_3：I0. 4

S   M0. 0，1

LPP

AN   SB_3：I0. 4

R   M0. 0，1

Network 37

SCRE

四、实物接线

按表 2—3 进行实物接线。

五、程序下载及调试

1. 将编译无误的控制程序下载至 PLC 中，并将模式选择开关拨至 RUN 状态。

2. 接线时依据实物接线图进行，注意插接导线的颜色（直流电源正极用红颜色导线，直流电源负极用黑颜色导线，PLC 输入用蓝颜色导线，PLC 输出用黄颜色导线）。

3. 注意养成良好的职业习惯，在进行插接导线操作时切勿生拉硬拽，防止损坏导线。

4. 插接导线完成，经检查无误后方能合闸通电，以确保设备安全。

5. 调试完成后，应注意断电后再拔下连接导线。

【任务扩展】

1. 用其他逻辑指令编制小车行程控制电路程序，比较几种程序编制方法，从中选出最优方法。

2. 应用顺序控制指令编制机械手控制程序（控制要求自定）。

【任务评价】

运料小车往复运动控制系统编程与调试任务评价表

序号	项目与技术要求	配分	评分标准	自检记录	交检记录	得分
1	正确选择输入/输出端口	20	输入/输出分配表中，每错一项扣5分			
2	正确编制梯形图程序	20	梯形图格式正确，程序时序逻辑正确，整体结构合理，每错一处扣5分			
3	正确写出指令表程序	10	各指令使用准确，每错一处扣2分			
4	外部接线正确	20	电源线、通信线及I/O信号线接线正确，每错一处扣5分			
5	写入程序并进行调试	20	操作步骤正确，动作熟练（允许根据输出情况进行反复修改和改善）。若有违规操作，每次扣10分			
6	运行结果及口试答辩	10	程序运行结果正确，表述清楚，口试答辩正确，对运行结果表述不清楚者扣5分			
7	其他		态度认真，积极完成，认真学习相关知识，遵守劳动纪律，有良好的职业道德和习惯；否则，酌情扣分			

学员任务实施过程的小结及反馈：

教师点评：

任务二　三级带输送机的控制编程与调试

【任务描述】

本任务介绍子程序指令的特点及应用方法，通过实例了解如何把子程序指令运用到实际问题中。

现有一套多级输送机，用于实现货物的传输，如图 2—11 所示，每一级输送机由一台交流电动机控制，由 $2n$ 个接触器控制 n 个电动机的正反转运行。请用 PLC 编制程序进行输送机的控制。

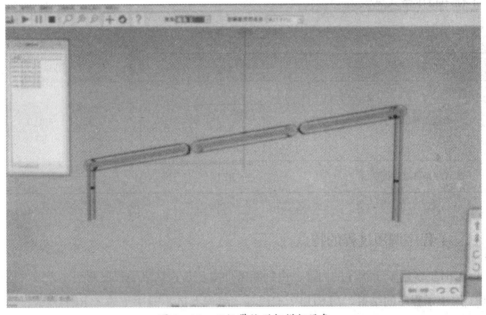

图 2—11　三级带输送机模拟设备

【任务分析】

子程序的运用是西门子 S7 – 200 可编程序控制器程序设计中一种方便、有效的方法。运用子程序调用可轻松实现以上带输送机的控制。

与子程序有关的操作有建立子程序，子程序的调用和返回。

与子程序有关的指令有子程序调用指令和返回指令。

【相关知识】

一、子程序调用指令和返回指令

子程序调用指令 CALL 的功能是将正在执行的程序转移到编号为 n 的子程序。

在子程序中不能使用 END 指令。每个子程序在编译时，编译器自动在子程序的最后加入无条件返回指令 RET（无须用户写入无条件返回指令）。当用户需要实现有条件返回时，可以在子程序中使用有条件返回指令 RET。在子程序执行过程中，如果满足返回指令的条件，就结束子程序，返回到原调用处继续执行。

在梯形图中，子程序调用指令以功能框的形式编程，子程序返回指令以线圈形式编程。子程序指令格式见表 2—4。

表 2—4 子程序指令格式

指令名称	梯形图	STL
子程序调用指令	SBR_0 —EN	CALL SBR_0
子程序条件返回指令	—（RET）	CRET

二、子程序调用过程的特点

1. CRET 多用于子程序的内部，由判断条件决定是否结束子程序调用，无条件返回指令 RET 用于子程序的结束。用 STEP7 编程时，编程人员不能手工输入 RET 指令，而是由软件自动加在每个子程序结尾。

2. 子程序嵌套。如果在子程序的内部又对另一子程序执行调用指令，则这种调用称为子程序的嵌套。子程序的嵌套深度最多为 8 级。

3. 当一个子程序被调用时，系统自动保存当前的堆栈数据，并把堆栈顶置 1，堆栈中的其他置 0，子程序占有控制权。子程序执行结束，通过返回指令自动恢复原来的逻辑堆栈值，调用程序又重新取得控制权。

4. 累加器可在调用程序和被调用子程序之间自由传递，所以累加器的值在子程序调用时既不保存也不恢复。

三、带参数的子程序调用

子程序中可以有参变量，带参数的子程序调用扩大了子程序的使用范围，增加了调用的灵活性。子程序的调用过程如果存在数据的传递，则在调用指令中应包含相应的参数。

1. 子程序参数

子程序最多可以传递 16 个参数。参数在子程序的局部变量表中加以定义。参数包含下列信息：变量名、变量类型和数据类型。

（1）变量名。最多用 8 个字符表示，第一个字符不能是数字。

（2）变量类型。变量类型是按变量对应数据的传递方向来划分的，可以是传入子程序（IN）、传入和传出子程序（IN/OUT）、传出子程序（OUT）和暂时（TEMP）4 种类型。4 种变量类型的参数在局部变量表中的位置必须按以下顺序排列。

IN 类型：传入子程序参数。参数可以是直接寻址数据（如 VB100）、间接寻址数据（如 AC1）、立即数（如 16#2344）和数据的地址值（如 &VB106）。

IN/OUT 类型：传入/传出子程序参数。调用时将指定地址的参数值传到子程序，返回时从子程序得到的结果值被返回到同一地址。参数可以采用直接和间接寻址，但立即数（如 16#1234）和地址值（如 &VB100）不能作为参数。

OUT 类型：传出子程序参数。它将从子程序返回的结果值送到指定的参数位置。输出参数可以采用直接和间接寻址，但不能是立即数或地址编号。

TEMP 类型：暂时变量类型。在子程序内部暂时存储数据，不能用来与主程序传递参数数据。

（3）数据类型。局部变量表中还要对数据类型进行声明。数据类型：能流、布尔型、字节型、字型、双字型、整数型、双整数型和实型。

能流：仅允许对位输入操作，是位逻辑运算的结果。在局部变量表中布尔能流输出处于所有类型的最前面。

布尔型：布尔型用于单独的位输入和输出。

字节型、字型和双字型：这 3 种类型分别声明一个 1 字节、2 字节和 4 字节的无符号输入/输出参数。

整数型、双整数型：这 2 种类型分别声明一个 2 字节、4 字节的有符号输入/输出参数。

实型：该类型声明一个 IEEE 标准的 32 位浮点参数。

2. 参数子程序调用的规则

（1）常数参数必须声明数据类型。如果缺少常数参数的这一描述，常数可能会被当作不同类型使用。

（2）输入/输出参数没有自动数据类型转换功能。例如，局部变量表中声明一个参数为实型，而在调用时使用一个双字型，则子程序中的值就是双字型。

（3）参数在调用时必须按照一定的顺序排列，显示输入参数，然后是输入/输出参数，最后是输出参数。

【任务实施】

一、控制要求分析

1. 当装置上电时，系统进行复位，所有电动机停止运行。

2. 将手/自动转换开关切换到系统自动运行模式。按下系统启动按钮时，一号电动机首先正转启动，运转一段时间以后，二号电动机正转启动，当二号电动机运转一段时间以后，三号电动机正转启动，此时系统完成启动过程，进入正常运转状态。

3. 当按下系统停止按钮时，一号电动机首先停止，一号电动机停止一段时间以后，二号电动机停止，二号电动机停止一段时间以后，三号电动机停止。

4. 系统在启动过程中按下停止按钮，电动机按启动的顺序反向停止运行。

5. 当按下急停按钮时，要求三台电动机停止工作，直到急停按钮取消时，系统恢复到急停前的状态。

6. 将手/自动转换开关切换到系统手动运行模式，只能由手动开关控制电动机的运行。通过手动开关，操作者能控制三台电动机的正反转运行，实现货物的手动传输。

二、编写输入/输出分配表

三级带输送机控制系统输入/输出分配表见表2—5。

表2—5　　　　　　　三级带输送机控制系统输入/输出分配表

序号	PLC 地址	设备接线	注释
1	I1.0	SB1（工业电器单元 –2）	启动
2	I1.1	SB2（工业电器单元 –2）	停止
3	I1.2	SA（工业电器单元 –2）	手/自动转换
4	I1.3	SB0（工业电器单元 –2）	急停
5	I1.4	SB3（工业电器单元 –2）	手动控制正转
6	I1.5	SB4（工业电器单元 –2）	手动控制反转
7	Q0.0	A01 – 1（工艺对象单元 –1）	M1 正转

序号	PLC 地址	设备接线	注释
8	Q0.1	A02-1（工艺对象单元-1）	M1 反转
9	Q0.2	A03-1（工艺对象单元-1）	M2 正转
10	Q0.3	A04-1（工艺对象单元-1）	M2 反转
11	Q0.4	A05-1（工艺对象单元-1）	M3 正转
12	Q0.5	A06-1（工艺对象单元-1）	M3 反转

三、程序编制

1. 主程序指令语句

Network 1

LD SM0.0

LPS

AN M2.0

CALL 复位：SBR1

LPP

A M2.0

LPS

A SA：I1.2

CALL 自动：SBR0

LPP

AN SA：I1.2

CALL 手动：SBR2

Network 2

LD SM0.0

LPS

A SB_1：I1.0

S M5.0, 1

LRD

A SB_2：I1.1

R M5.0, 1

LRD

A SA：I1.2

R M5.1, 1

LPP

AN SB_0：I1.3

S M5.1, 1

Network 3

LD SM0.0

A M5.1

R A01_1：Q0.0, 6

2. 自动控制子程序指令语句

Network 1

LD SM0.0

A SB_1：I1.0

S S4.0, 1

Network 2

LSCR   S4. 0

Network 3

LD   SM0. 0

AN   M5. 1

LPS

A   M5. 0

S   A01_1：Q0. 0, 1

TON   T37, 30

AW =   T37, 30

SCRT   S4. 1

R   T37, 1

LPP

AN   M5. 0

R   A01_1：Q0. 0, 1

Network 4

SCRE

Network 5

LSCR   S4. 1

Network 6

LD   SM0. 0

AN   M5. 1

LPS

A   M5. 0

S   A03_1：Q0. 2, 1

S   A01_1：Q0. 0, 1

TON   T38, 30

AW =   T38, 30

SCRT   S4. 2

R   T38, 1

LPP

AN   M5. 0

R   A03_1：Q0. 2, 1

TON   T42, 20

AW =   T42, 20

SCRT   S4. 0

R   T42, 1

Network 7

SCRE

Network 8

LSCR   S4. 2

Network 9

LD   SM0. 0

AN   M5. 1

LPS

A   M5. 0

S   A05_1：Q0. 4, 1

S   A03_1：Q0. 2, 1

S   A01_1：Q0. 0, 1

TON   T39, 30

AW =   T39, 30

R   T39, 1

SCRT   S4. 3

LPP

AN   M5. 0

R   A05_1：Q0. 4, 1

TON   T41, 20

AW =   T41, 20

SCRT　S4. 1

R　　T41，1

Network 10

SCRE

Network 11

LSCR　S4. 3

Network 12

LD　　SM0. 0

AN　　M5. 1

A　　SB_2：I1. 1

SCRT　S4. 4

Network 13

SCRE

3. 复位控制子程序指令语句

Network 1

LD　　SM0. 0

R　　A01_1：Q0. 0，2

4. 手动控制子程序指令语句

Network 1

LD　　SM0. 0

LPS

A　　SB_4：I1. 4

=　　A01_1：Q0. 0

=　　A03_1：Q0. 2

Network 14

LSCR　S4. 4

Network 15

LD　　SM0. 0

AN　　M5. 1

LPS

TON　T40，61

AW =　T40，1

R　　A01_1：Q0. 0，1

LRD

AW =　T40，31

R　　A03_1：Q0. 2，1

LPP

AW =　T40，61

R　　A05_1：Q0. 4，1

R　　T40，1

SCRT　S4. 0

R　　A03_1：Q0. 2，2

R　　A05_1：Q0. 4，2

S　　M2. 0，1

=　　A05_1：Q0. 4

LPP

A　　SB_5：I1. 5

=　　A02_1：Q0. 1

=　　A04_1：Q0. 3

=　　A06_1：Q0. 5

四、实物接线

按表2—5进行实物接线。

五、程序下载及调试

1. 将编译无误的控制程序下载至PLC中，并将模式选择开关拨至RUN状态。

2. 接线时依据实物接线图进行，注意插接导线的颜色（直流电源正极用红颜色导线，直流电源负极用黑颜色导线，PLC输入用蓝颜色导线，PLC输出用黄颜色导线）。

3. 注意养成良好的职业习惯，在进行插接导线操作时切勿生拉硬拽，防止损坏导线。

4. 插接导线完成，经检查无误后方能合闸通电，以确保设备安全。

5. 调试完成后，应注意断电后再拔下连接导线。

【任务扩展】

用其他逻辑指令编制三级带输送机控制程序，比较几种程序编制方法，从中选出最优方法。

【任务评价】

三级带输送机控制系统编程与调试任务评价表

序号	项目与技术要求	配分	评分标准	自检记录	交检记录	得分
1	正确选择输入/输出端口	20	输入/输出分配表中，每错一项扣5分			
2	正确编制梯形图程序	20	梯形图格式正确，程序时序逻辑正确，整体结构合理，每错一处扣5分			
3	正确写出指令表程序	10	各指令使用准确，每错一处扣2分			
4	外部接线正确	20	电源线、通信线及I/O信号线接线正确，每错一处扣5分			

续表

序号	项目与技术要求	配分	评分标准	自检记录	交检记录	得分
5	写入程序并进行调试	20	操作步骤正确，动作熟练（允许根据输出情况进行反复修改和改善）。若有违规操作，每次扣 10 分			
6	运行结果及口试答辩	10	程序运行结果正确，表述清楚，口试答辩正确，对运行结果表述不清楚者扣 5 分		.	
7	其他		态度认真，积极完成，认真学习相关知识，遵守劳动纪律，有良好的职业道德和习惯；否则，酌情扣分			

学员任务实施过程的小结及反馈：

教师点评：

任务三　霓虹灯控制系统编程与调试

【任务描述】

本任务介绍移位指令的含义及使用方法，通过霓虹灯控制系统的设计实例说明了移位指令的使用方法。

现有一套霓虹灯控制系统，如图 2—12 所示，由 5 条环形灯 R1、R2、R3、R4、R5 和 8 条线性灯 L1、L2、L3、L4、L5、L6、L7、L8 以及圆心灯 Q0 组成，每条环形灯以及每条线性灯均可单独控制。请利用可编程序控制器编制控制程序。

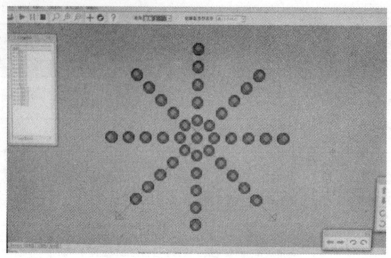

图 2—12　霓虹灯控制系统模拟设备

【任务分析】

移位指令在可编程序控制器编程中是比较常用的指令，运用移位指令进行编程可轻松实现以上控制要求。

【相关知识】

一、移位指令

1. 逻辑移位指令

逻辑移位指令分为左移位指令和右移位指令两种。当每个位都被移出，左移位和右移位指令将用零填补每个位。如果移位计数大于 0，溢出内存位（SM1.1）采用最后移出位的数值。如果移位操作的结果是零，零内存位（SM1.0）被设置。字节操作是无符号的。对于字和双字操作，当使用有符号数据类型时符号位被移位。逻辑移位指令格式见表 2—6。

表 2—6　　　　　　　　　　　　　逻辑移位指令格式

名称	指令格式	功能	操作数
字节移位指令	SHR_B EN　　ENO ????-IN　OUT-???? ????-N	将字节 OUT 右移 N 位，最左边的位依次用 0 填充	IN, OUT, N: VB, IB, QB, MB, SB, SMB, LB, AC, *VD, *AC, *LD IN 和 N 还可以是常数

名称	指令格式	功能	操作数
字节移位指令	SHL-B EN ENO ???? - IN OUT - ???? ???? - N	将字节 OUT 左移 N 位，最右边的位依次用 0 填充	
字移位指令	SHR-W EN ENO ???? - IN OUT - ???? ???? - N	将字 OUT 右移 N 位，最左边的位依次用 0 填充	IN，OUT：VW，IW，QW，MW，SW，SMW，LW，T，C，AC，* VD，* AC，* LD IN 还可以是 AIW 和常数 N：VB，IB，QB，MB，SB，SMB，LB，AC，* VD，* AC，* LD，常数
	SHL-W EN ENO ???? - IN OUT - ???? ???? - N	将字 OUT 左移 N 位，最左边的位依次用 0 填充	
双字移位指令	SHR-DW EN ENO ???? - IN OUT - ???? ???? - N	将双字 OUT 右移 N 位，最左边的位依次用 0 填充	IN，OUT：VD，ID，QD，MD，SD，SMD，LD，AC，* VD，* AC，* LD IN 还可以是 HC 和常数 N：VB，IB，QB，MB，SB，SMB，LB，AC，* VD，* AC，* LD，常数
	SHL-DW EN ENO ???? - IN OUT - ???? ???? - N	将双字 OUT 左移 N 位，最右边的位依次用 0 填充	

2. 循环移位指令

循环移位指令分为左循环移位指令和右循环移位指令。循环移位中被移位的数据是无符号的。在移位时，存放被移位数据的编程元件的移出端既与另一端连接，又与特殊继电器 SM1.1 连接，移出位在被移到另一端的同时，也进入 SM1.1（溢出），另一端自动补 0。循环移位指令格式见表 2—7。

表 2—7　　　　　　　　　　　　　循环移位指令格式

名称	指令格式	功能	操作数
字节循环移位指令	ROR_B EN　ENO ????-IN　OUT-???? ????-N	将字节 OUT 循环右移 N 位，从最右边移出的位送到 OUT 的最左位	IN, OUT, N：VB, IB, QB, MB, SB, SMB, LB, AC, * VD, * AC, * LD IN 和 N 还可以是常数
	ROL_B EN　ENO ????-IN　OUT-???? ????-N	将字节 OUT 循环左移 N 位，从最左边移出的位送到 OUT 的最右位	
字循环移位指令	ROR_W EN　ENO ????-IN　OUT-???? ????-N	将字 OUT 循环右移 N 位，从最右边移出的位送到 OUT 的最左位	IN, OUT：VW, IW, QW, MW, SW, SMW, LW, T, C, AC, * VD, * AC, * LD IN 还可以是 AIW 和常数 N：VB, IB, QB, MB, SB, SMB, LB, AC, * VD, * AC, * LD, 常数
	ROL_W EN　ENO ????-IN　OUT-???? ????-N	将字 OUT 循环左移 N 位，从最左边移出的位送到 OUT 的最右位	
双字循环移位指令	ROR_DW EN　ENO ????-IN　OUT-???? ????-N	将双字 OUT 循环右移 N 位，从最右边移出的位送到 OUT 的最左位	IN, OUT：VD, ID, QD, MD, SD, SMD, LD, AC, * VD, * AC, * LD IN 还可以是 HC 和常数 N：VB, IB, QB, MB, SB, SMB, LB, AC, * VD, * AC, * LD, 常数
	ROL_W EN　ENO ????-IN　OUT-???? ????-N	将双字 OUT 循环左移 N 位，从最左边移出的位送到 OUT 的最右位	

左循环移位与右循环移位指令示例如图2—13所示，结果如图2—14所示。

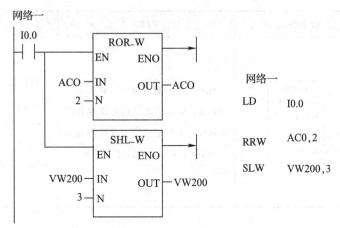

图2—13　左循环移位与循环右移位指令示例

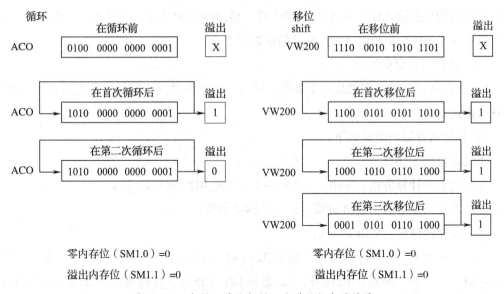

图2—14　左循环移位与循环右移位指令的结果

3. 移位寄存指令 SHRB

移位寄存指令 SHRB 将数值移入移位寄存器，此指令用于排序和控制产品流或数据。

（1）功能。当 EN 有效时，如果 N > 0，则在每个 EN 的前沿，将数据输入 DATA 的状态输入移位寄存器的最低位 S – BIT；如果 N < 0，则在每个 EN 的前沿，将数据输入 DATA 的状态移入移位寄存器的最高位，移位寄存器的其他位按照 N 指定的方向（正向或反向），依次串行移位。

SHRB 指令格式见表2—8。

表 2—8   SHRB 指令格式

名称	指令格式	功能	操作数
位移位 寄存器指令	SHRB EN ENO ??? — DATA ??? — S_BIT ??? — N	将 DATA 的值（位型）移入移位寄存器；S_BIT 指定移位寄存器的最低位，N 指定移位寄存器的长度（正向移位 = N，反向移位 = - N）	DATA, S_BIT: I, Q, M, SM, T, C, V, S, L N: VB, IB, QB, MB, SB, SMB, LB, AC, ＊VD, ＊AC, ＊LD, 常数

S_BIT 指定移位寄存器的最低位；N 指定移位寄存器的长度和移位的方向；DATA 为移位寄存器的数据输入端；每个由 SHRB 指令移出的位放入溢出内存位（SM1.1）。此指令最低位（S_BIT）由长度（N）指定的位数定义。

（2）移位寄存器的特点

1）移位寄存器的数据类型无字节型、字型、双字型之分，移位寄存器的长度 N≤64，由程序指定。

2）移位寄存器的组成如下：

①最低位为 S_BIT。

②最高位的计算方法：MSB =（｜N｜-1 +（S_BIT 的位号））/8。

③最高位的字节号：MSB 的商 + S_BIT 的字节号。

④最高位的位号：MSB 的余数。

例如，S_BIT：V33.4，N = 14，则 MSB =(14 - 1 + 4)/8 = 17/8 = 2…1。最高位的字节号：33 + 2 = 35。最高位的位号：1。最高位：V35.1。移位寄存器的组成：V33.4 ~ V33.7，V34.0 ~ V34.7，V35.0 ~ V35.1，共 14 位。

⑤N > 0 时，为正向移位，即从最低位向最高位移位；N < 0 时，为反向移位，即从最高位向最低位移位。

⑥移位寄存器的移出端与 SM1.1（溢出）连接。

二、拨码开关

拨码开关如图 2—15 所示（在工业电器单元 - 2 上），采用 8、4、2、1 码的控制形式。

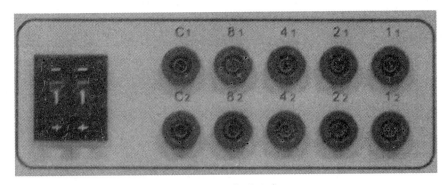

图2—15 拨码开关

【任务实施】

一、控制要求分析

1. 当系统上电时，所有的霓虹灯均不亮。

2. 按下启动按钮SB1，通过拨码器选择灯光变化的方式。

当拨码器输入数字1~3时，按下运行按钮SB3，霓虹灯系统根据设定方式运行。

（1）当拨码器输入数值为1时，八条线性灯柱以1 s的时间间隔依次循环变化，即首先线性灯柱L1亮1 s后灭，然后灯柱L2亮1 s后灭，接着灯柱L3、L4、L5、L6、L7、L8依次亮1 s后灭。

（2）当拨码器输入数值为2时，圆心灯Q0及环形灯R1、R2、R3、R4、R5依次间隔2 s循环变化，即圆心灯Q0亮2 s后灭，接着环形灯R1、R2、R3、R4、R5依次亮2 s后灭。

（3）当拨码器输入数值为3时，K、L、Y、X四个字符开始以1 s的周期依次闪烁2次，即字符K闪烁2次后字符L闪烁2次，然后是字符Y和字符X。

（4）如果拨码器输入的数值超过了设定范围，则霓虹灯以2 s为周期闪烁，每次点亮的指示灯由控制器随机选择。

（5）调整完拨码器输入数值并按下按钮SB3后，霓虹灯在完成本周期的变化以后自动转换到指定的工作方式。

二、编写输入/输出分配表

霓虹灯控制系统输入/输出分配表见表2—9。

表2—9 霓虹灯控制系统输入/输出分配表

序号	PLC 地址	设备接线	注释
1	I0. 0	SB1（工业电器单元 – 2）	启动按钮
2	I0. 1	SB2（工业电器单元 – 2）	运行按钮
3	I0. 2	SB3（工业电器单元 – 2）	停止按钮
4	I1. 0	C_{1-1_1}（工业电器单元 – 2）	拨码开关 A
5	I1. 1	C_{1-2_1}（工业电器单元 – 2）	拨码开关 B
6	I1. 2	C_{1-4_1}（工业电器单元 – 2）	拨码开关 C
7	I1. 3	C_{1-8_1}（工业电器单元 – 2）	拨码开关 D
8	Q0. 0	C01 – 1（工艺对象单元 – 2）	HL14
9	Q0. 1	A01 – 1（工艺对象单元 – 1）	HL1
10	Q0. 2	A02 – 1（工艺对象单元 – 1）	HL2
11	Q0. 3	A03 – 1（工艺对象单元 – 1）	HL3
12	Q0. 4	A04 – 1（工艺对象单元 – 1）	HL4
13	Q0. 5	A05 – 1（工艺对象单元 – 1）	HL5
14	Q0. 6	A06 – 1（工艺对象单元 – 1）	HL6
15	Q0. 7	A07 – 1（工艺对象单元 – 1）	HL7
16	Q1. 0	A08 – 1（工艺对象单元 – 1）	HL8
17	Q1. 1	C02 – 1（工艺对象单元 – 2）	HL9
18	Q1. 2	C03 – 1（工艺对象单元 – 2）	HL10
19	Q1. 3	C04 – 1（工艺对象单元 – 2）	HL11
20	Q1. 4	C05 – 1（工艺对象单元 – 2）	HL12
21	Q1. 5	C06 – 1（工艺对象单元 – 2）	HL13

三、程序编制

1. 主程序指令语句

Network 1

LD	SM0.1
R	Q0.0, 14

Network 2

LD	SM0.0
LPS	
A	M10.0
A	I0.1
S	M10.1, 1
LRD	
A	M10.1
EU	
AN	M10.2
AN	M10.3
AN	M10.4
AN	M10.5
S	M11.0, 1
LRD	
A	I0.0
S	M10.0, 1
LRD	
A	I0.2
R	M10.0, 2
R	Q0.0, 14
R	M0.0, 100
LPP	
LPS	
CALL	SBR4

A	M10.2
CALL	SBR0
LRD	
A	M10.3
CALL	SBR1
LRD	
A	M10.4
CALL	SBR2
LPP	
A	M10.5
CALL	SBR3

Network 3

LD	SM0.0
A	M10.1
LPS	
AW =	VW10, 1
LD	M3.4
O	M5.4
O	M11.0
O	M6.0
ALD	
A	M10.1
EU	
S	M10.2, 1
R	M10.1, 1
R	M10.3, 2
R	M11.0, 1
R	M10.5, 1

LRD

AW =   VW10, 2

LD   M1. 4

O   M5. 4

O   M11. 0

O   M6. 0

ALD

A   M10. 1

EU

R   M10. 1, 1

R   M10. 2, 1

S   M10. 3, 1

R   M10. 4, 1

R   M11. 0, 1

R   M10. 5, 1

LRD

AW =   VW10, 3

LD   M1. 4

O   M3. 4

O   M11. 0

O   M6. 0

ALD

A   M10. 1

EU

R   M10. 1, 1

R   M10. 2, 2

S   M10. 4, 1

R   M11. 0, 1

R   M10. 5, 1

LPP

AW >   VW10, 3

LD   M1. 4

O   M3. 4

O   M5. 4

O   M11. 0

ALD

A   M10. 1

EU

R   M10. 1, 4

S   M10. 5, 1

R   M11. 0, 1

Network 4

LD   SM0. 0

LPS

AW =   VW10, 1

EU

R   M5. 4, 1

R   M3. 4, 1

R   M6. 0, 1

LRD

AW =   VW10, 2

EU

R   M1. 4, 1

R   M5. 4, 1

R   M6. 0, 1

LRD

AW =   VW10, 3

EU

R   M1. 4, 1

R   M3. 4, 1

R   M6. 0, 1

LPP

AW >   VW10, 3

EU

2. 模式 1 子程序指令语句

Network 1

LD   M1.3

EU

SHRB   M1.3，M0.0，10

Network 2

LD   SM0.0

LPS

AN   T38

TON   T37，10

LPP

A   T37

TON   T38，10

=   M1.3

Network 3

LD   M0.0

AN   M1.4

=   Q0.0

Network 4

LD   SM0.0

LPS

A   M0.0

AN   M0.1

=   Q0.1

LRD

A   M0.1

AN   M0.2

=   Q0.2

R   M3.4，1

LRD

A   M0.2

AN   M0.3

=   Q0.3

LRD

A   M0.3

AN   M0.4

=   Q0.4

LRD

A   M0.4

AN   M0.5

=   Q0.5

LRD

A   M0.5

AN   M0.6

=   Q0.6

LRD

A   M0.6

AN   M0.7

=   Q0.7

LRD

A   M0.7

AN   M1.0

=   Q1.0

LRD

A   M1.0

=   M1.4

LPP

A   M1.1

=   M1.5

Network 5

LD	SM0. 0

3. 模式 2 子程序指令语句

Network 1

LD	M3. 3
EU	
SHRB	M3. 3, M2. 0, 8

Network 2

LD	SM0. 0
LPS	
AN	T40
TON	T39, 20
LPP	
A	T39
TON	T40, 20
=	M3. 3

Network 3

LD	SM0. 0
LPS	
A	M2. 0
AN	M2. 1
=	Q0. 0
LRD	
A	M2. 1

4. 模式 3 子程序指令语句

Network 1

LD	M5. 3
EU	
SHRB	M5. 3, M4. 0, 6

A	M1. 5
R	M0. 0, 10

AN	M2. 2
=	Q1. 1
LRD	
A	M2. 2
AN	M2. 3
=	Q1. 2
LRD	
A	M2. 3
AN	M2. 4
=	Q1. 3
LRD	
A	M2. 4
AN	M2. 5
=	Q1. 4
LRD	
A	M2. 5
AN	M2. 6
=	Q1. 5
LPP	
A	M2. 6
=	M3. 4
R	M2. 0, 8

Network 2

LD	SM0. 0
LPS	

```
AN      T42
TON     T41, 5
LPP
A       T41
TON     T42, 5
=       M5. 3
```

Network 3
```
LD      M4. 0
AN      M4. 1
LD      M4. 2
AN      M4. 3
OLD
=       A02_1: Q0. 2
```

Network 4
```
LD      M4. 0
AN      M4. 1
LD      M4. 3
AN      M4. 4
OLD
=       A03_1: Q0. 3
```

Network 5
```
LD      M4. 0
AN      M4. 1
LD      M4. 2
AN      M4. 3
OLD
LD      M4. 3
AN      M4. 4
OLD
```

```
=       A05_1: Q0. 5
```

Network 6
```
LD      M4. 0
AN      M4. 1
LD      M4. 1
AN      M4. 2
OLD
=       A06_1: Q0. 6
```

Network 7
```
LD      M4. 2
AN      M4. 3
LD      M4. 3
AN      M4. 4
OLD
=       A07_1: Q0. 7
```

Network 8
```
LD      M4. 1
AN      M4. 2
=       A04_1: Q0. 4
```

Network 9
```
LD      M4. 3
AN      M4. 4
=       A01_1: Q0. 1
```

Network 10
```
LD      M4. 4
=       M5. 4
```

Network 11

LD   M4.5   R   M4.0, 6

5. 超出范围子程序指令语句

Network 1

LD   SM0.0

LPS

AN   T44

TON   T43, 20

LPP

A   T43

TON   T44, 20

=   M6.0

Network 2

LD   SM0.0

LPS

A   T44

EU

S   C06_1: Q0.0, 14

LPP

A   T43

EU

R   C06_1: Q0.0, 14

6. 拨码器子程序指令语句

Network 1

LD   SM0.0

MOVW IW1, VW1

BCDI VW1

MOVW VW1, VW10

/I   +100, VW10

四、实物接线

按表 2—9 进行实物接线。

五、程序下载及调试

1. 将编译无误的控制程序下载至 PLC 中，并将模式选择开关拨至 RUN 状态。

2. 接线时依据实物接线图进行，注意插接导线的颜色（直流电源正极用红颜色导线，直流电源负极用黑颜色导线，PLC 输入用蓝颜色导线，PLC 输出用黄颜色导线）。

3. 注意养成良好的职业习惯，在进行插接导线操作时切勿生拉硬拽，防止损坏导线。

4. 插接导线完成，经检查无误后方能合闸通电，以确保设备安全。

5. 调试完成后，应注意断电后再拔下连接导线。

【任务扩展】

应用移位指令编制霓虹灯控制系统电路（控制要求自定）。

【任务评价】

霓虹灯控制系统编程与调试任务评价表

序号	项目与技术要求	配分	评分标准	自检记录	交检记录	得分
1	正确选择输入/输出端口	20	输入/输出分配表中，每错一项扣5分			
2	正确编制梯形图程序	20	梯形图格式正确，程序时序逻辑正确，整体结构合理，每错一处扣5分			
3	正确写出指令表程序	10	各指令使用准确，每错一处扣2分			
4	外部接线正确	20	电源线、通信线及I/O信号线接线正确，每错一处扣5分			
5	写入程序并进行调试	20	操作步骤正确，动作熟练（允许根据输出情况进行反复修改和改善）。若有违规操作，每次扣10分			
6	运行结果及口试答辩	10	程序运行结果正确，表述清楚，口试答辩正确，对运行结果表述不清楚者扣5分			
7	其他		态度认真，积极完成，认真学习相关知识，遵守劳动纪律，有良好的职业道德和习惯；否则，酌情扣分			

学员任务实施过程的小结及反馈：

教师点评：

任务四 三位气动阀的逻辑控制编程与调试

【任务描述】

现有一套三位气动阀控制系统，如图 2—16 所示，其主要由左端按钮 SB3、中间位按钮 SB4、右端按钮 SB5、左限位磁性开关 SQ1、中间位磁性开关 SQ2、右限位磁性开关 SQ3、三位五通电磁阀 YV1 等组成。请利用可编程序控制器编制控制程序。

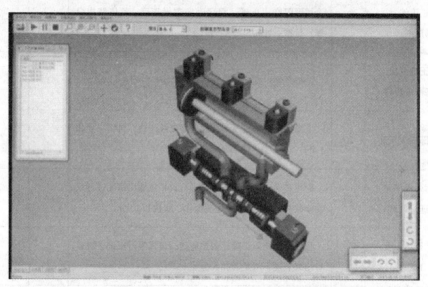

图 2—16 三位气动阀控制系统模拟设备

【任务分析】

断电数据保持功能是西门子 S7 – 200 可编程序控制器一种非常实用和有用的功能。

本任务介绍断电数据保持功能的含义及使用方法，通过三位气动阀控制的编程介绍如何在系统块中设置断电数据保持功能来保存数据的方法。

【相关知识】

一、西门子 S7 –200 可编程序控制器程序数据的断电保存方法

1．在系统块中设置断电数据保持功能来保存数据

在西门子 S7 –200 可编程序控制器的编程中，系统块中有一项功能为断电数据保持设

置，设置范围包括 V 存储区、M 存储区、时间继电器 T 和计数器 C（其中定时器和计数器只有当前值可被保持，而定时器位或计数器位是不能被保持的）。

断电数据保持的基本工作原理是在可编程序控制器外部供电中断时，利用其内部的超级电容供电，保持系统块中所设置的断电数据保持区域的数值不变，而将非保持区域的数据值归零。由于超级电容容量的限制，在西门子的资料中介绍只能保存几天。对于 M 存储区中的前十四个字节（即 MB0～MB13），当设为断电数据保持，在可编程序控制器外部供电中断时，其内部自动将以上存储区的数据转移到 EEPROM 中，因此可实现断电永久保存。

若需更长的 RAM 存储器断电数据保存时间，西门子公司提供一个可选的电池卡，在超级电容耗尽后继续提供电能，延长数据保存时间（约 200 天）。

2. 在编程时建立数据块来保存数据

在程序设计的编程阶段，可在编程中建立数据块，并赋予需要的初始值，编程完成后随程序一起下载到可编程序控制器的 RAM 存储器中，CPU 同时自动将其转存于 EEPROM，作为 EEPROM 存储器中的 V 数据永久存储区。因 EEPROM 数据的保存不需要供电维持，所以可以实现永久保存。若在系统块中相应 V 存储区未设为断电数据保持，在每次可编程序控制器上电初始，CPU 自动将 EEPROM 中的 V 数据读入 RAM 的 V 存储区。若相应 V 存储区设为断电数据保持，在每次可编程序控制器上电初始，CPU 检测断电数据保存是否成功。若成功，则保持 RAM 中的相应 V 数据保持不变；若保存不成功，则将 EEPROM 中相应的 V 数据读入 RAM 的 V 存储区。此方法只适用于 V 数据的断电数据保存。

3. 在程序中用 SMB31 和 SMW32 来保存数据

在程序中将要保存的 V 存储器地址写入 SMW32，将数据长度写入 SMB31，并置 SM31.7 为 1。在程序每次扫描的末尾，CPU 自动检查 SM31.7，如果为 1，则将指定的数据存于 EEPROM 中，并随之将 SM31.7 置为零，保存的数据会覆盖先前 EEPROM 中 V 存储区中的数据。在保存操作完成前，不要改变 RAM 中 V 存储区的值。存一次 EEPROM 操作会将扫描时间增加 15～20 ms。因为存 EEPROM 的次数是有限制的（最少 10 万次，典型值为 100 万次），所以必须控制程序中保存的次数，否则将导致 EEPROM 失效。

结合以上内容和实际调试的经验，在实际应用中，若遇到需保持程序数据，要结合运用多种方法以达到最理想的结果。针对程序中需保存数据的不同，应采取不同的方式实现。对于需在程序第一次运行时进行预置并在程序运行过程中个别情况下进行重新设置的数据，如高度、荷重等相关标定参数，可在程序的数据块中建立数据，并赋予初始数值。同时在程序中编入 SMB31 和 SMW32 命令，在相关条件下对 EEPROM 的 V 数据区进行重新保存，修改先前的初始值。例如，当进行参数设置时，置 M0.0 为 1，完成一次 VD100

的 EEPROM 存储器保存操作。

对于程序运行过程中数值变化比较频繁，且需断电长期保存的数据，则可将数据存于 MB0 ~ MB13 存储区，且系统块的断电数据保存设置中将相应的 M 存储区设为断电数据保存。

二、常用设置断电保持功能的方法

设置断电保持功能如图 2—17 所示。

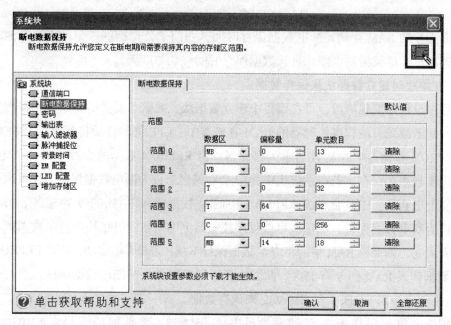

图 2—17　设置断电保持功能

【任务实施】

一、控制要求分析

1. 初始状态

电磁阀 YV1 处于失电状态，气缸处于任意位置。

2. 启动操作

按下启动按钮 SB1 后，系统根据下列情形进行动作：

（1）按下 SB3 按钮后，无论气缸处于任何位置，都回到左端。

（2）按下 SB4 按钮后，无论气缸处于任何位置，都回到中间位置。

（3）按下 SB5 按钮后，无论气缸处于任何位置，都回到右端。

3．掉电重启操作

当按下 SB3～SB5 中某一个按钮后，如果系统断电再重新上电后，按下启动按钮 SB1，系统自动根据停电前的要求运行到指定位置。

4．停止操作

按下停止按钮 SB2，系统停止运行。

5．急停操作

按下急停按钮 SB0，系统立即停止当前运行，保持当前状态直至解除急停按钮，此时系统不能响应其他操作要求。解除后，系统按上述要求正常运行。

二、编写输入/输出分配表

三位气动阀控制系统输入/输出分配表见表2—10。

表2—10　　　　　　　　　三位气动阀控制系统输入/输出分配表

序号	PLC 地址	设备接线	注释
1	I0.0	SB1（工业电器单元-2）	启动按钮
2	I0.1	SB2（工业电器单元-2）	停止按钮
3	I0.2	SB0（工业电器单元-2）	急停按钮
4	I0.3	D01-1（工艺对象单元-2）	SQ1
5	I0.4	D02-1（工艺对象单元-2）	SQ2
6	I0.5	D03-1（工艺对象单元-2）	SQ3
7	I1.0	SB3（工业电器单元-2）	左端按钮
8	I1.1	SB4（工业电器单元-2）	中间位按钮
9	I1.2	SB5（工业电器单元-2）	右端按钮
10	Q0.0	A01-1（工艺对象单元-1）	YV0
11	Q0.1	A02-1（工艺对象单元-1）	YV1

三、程序编制

Network 1

```
LD    SM0.0
LPS
A     SB_1：I0.0
S     S0.0，1
```
```
S     M2.0，1
LPP
A     SB_2：I0.1
R     S0.0，4
R     M2.0，1
```

Network 2

LSCR S0. 0

Network 3

LD   SM0. 0

LPS

A   SB_3：I0. 3

SCRT S0. 1

LRD

A   SB_4：I0. 4

SCRT S0. 2

LPP

A   SB_5：I0. 5

SCRT S0. 3

Network 4

SCRE

Network 5

LSCR S0. 1

Network 6

LD   SM0. 0

LPS

A   SB_3：I0. 3

S   M0. 1，1

R   M0. 0，1

LPP

A   SQ1：I1. 0

R   M0. 1，1

SCRT S0. 0

Network 7

SCRE

Network 8

LSCR S0. 2

Network 9

LD   SM0. 0

LPS

A   SB_4：I0. 4

LPS

A   SQ3：I1. 2

S   M0. 1，1

R   M0. 0，1

LPP

A   SQ1：I1. 0

S   M0. 0，1

R   M0. 1，1

LPP

A   SQ2：I1. 1

R   M0. 0，2

SCRT S0. 0

Network 10

SCRE

Network 11

LSCR S0. 3

Network 12

LD   SM0. 0

LPS

A   SB_5：I0.5

S   M0.0，1

R   M0.1，1

LPP

A   SQ3：I1.2

R   M0.0，1

SCRT S0.0

Network 13

SCRE

Network 14

LD   SM0.0

A   M2.0

A   SB_0：I0.2

LPS

A   M0.0

AN   M0.1

=   YV1：Q0.0

LPP

A   M0.1

AN   M0.0

=   YV2：Q0.1

四、实物接线

按表2—10进行实物接线。

五、程序下载及调试

1. 将编译无误的控制程序下载至PLC中，并将模式选择开关拨至RUN状态。

2. 接线时依据实物接线图进行，注意插接导线的颜色（直流电源正极用红颜色导线，直流电源负极用黑颜色导线，PLC输入用蓝颜色导线，PLC输出用黄颜色导线）。

3. 注意养成良好的职业习惯，在进行插接导线操作时切勿生拉硬拽，防止损坏导线。

4. 插接导线完成，经检查无误后方能合闸通电，以确保设备安全。

5. 调试完成后，应注意断电后再拔下连接导线。

【任务评价】

三位气动阀的逻辑控制编程与调试任务评价表

序号	项目与技术要求	配分	评分标准	自检记录	交检记录	得分
1	正确选择输入/输出端口	20	输入/输出分配表中，每错一项扣5分			

续表

序号	项目与技术要求	配分	评分标准	自检记录	交检记录	得分
2	正确编制梯形图程序	20	梯形图格式正确，程序时序逻辑正确，整体结构合理，每错一处扣5分			
3	正确写出指令表程序	10	各指令使用准确，每错一处扣2分			
4	外部接线正确	20	电源线、通信线及I/O信号线接线正确，每错一处扣5分			
5	写入程序并进行调试	20	操作步骤正确，动作熟练（允许根据输出情况进行反复修改和改善）。若有违规操作，每次扣10分			
6	运行结果及口试答辩	10	程序运行结果正确，表述清楚，口试答辩正确，对运行结果表述不清楚者扣5分			
7	其他		态度认真，积极完成，认真学习相关知识，遵守劳动纪律，有良好的职业道德和习惯；否则，酌情扣分			

学员任务实施过程的小结及反馈：

教师点评：

任务五 自动售货机的系统设计

【任务描述】

现有一个自动售货机系统，如图 2—18 所示，其由货物陈列位、投币器、显示屏、出货区、退币区等组成。货物陈列位摆放有三种商品，即 A、B、C，假设商品供应充足，每次操作只能选择一种商品。在每个货物陈列位下方分别设有一个选货按钮 SB1～SB3。显示屏由两位 BCD 数字显示器组成，用于显示投币金额及余额。请利用可编程序控制器编制控制程序。

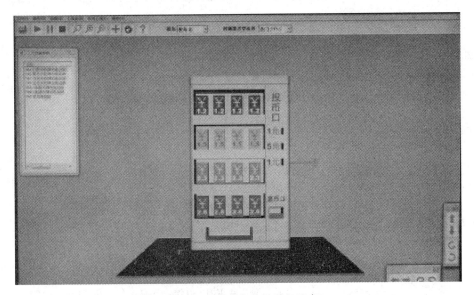

图 2—18 自动售货机模拟设备

【任务分析】

本任务介绍四则运算及增减指令，通过自动售货机系统的程序设计，说明如何把运算指令运用到实际问题中。

【相关知识】

运算指令包括算术运算指令和逻辑运算指令。

算术运算指令可细分为四则运算指令（加、减、乘、除）、增减指令和数学函数指令。

算术的数据类型为整型 INT、双整型 DINT 和实数 REAL。

逻辑运算指令包括逻辑与、或、非、亦或以及数据比较。逻辑运算指令的数据类型为字节型（BYTE）、字型（WORD）、双字型（DWORD）。

运算指令的出现使可编程序控制器不再局限于"位操作"，而是具有越来越强的运算能力，扩大了使用范围，使可编程序控制器具有更强的竞争力。

一、加法指令

加法指令是对两个有符号数进行相加。加法指令格式见表 2—11。

表 2—11　　　　　　　　加法指令格式

名称	指令格式	功能	操作数寻址范围
整数加法指令 +I	ADD_I EN　ENO ????-IN1　OUT-???? ????-IN2	两个 16 位带符号整数相加，得到一个 16 位带符号整数 执行结果：IN1 + OUT = OUT（在 LAD 和 FBD 中，IN1 + IN2 = OUT）	IN1，IN2，OUT：VW，IW，QW，MW，SW，SMW，LW，T，C，AC，*VD，*AC，*LD IN1 和 IN2 还可以是 AIW 和常数
双整数加法指令 +D	ADD_DI EN　ENO ????-IN1　OUT-???? ????-IN2	两个 32 位带符号整数相加，得到一个 32 位带符号整数 执行结果：IN1 + OUT = OUT（在 LAD 和 FBD 中，IN1 + IN2 = OUT）	IN1，IN2，OUT：VD，ID，QD，MD，SD，SMD，LD，AC，*VD，*AC，*LD IN1 和 IN2 还可以是 HC 和常数
实数加法指令 +R	ADD_R EN　ENO ????-IN1　OUT-???? ????-IN2	两个 32 位实数相加，得到一个 32 位实数 执行结果：IN1 + OUT = OUT（在 LAD 和 FBD 中，IN1 + IN2 = OUT）	IN1，IN2，OUT：VD，ID，QD，MD，SD，SMD，LD，AC，*VD，*AC，*LD IN1 和 IN2 还可以是常数

1. 整数加法指令 +I

当允许输入端 EN 有效时，执行加法操作，将两个单字长（16 位）的有符号整数 IN1 和 IN2 相加，产生 1 个 16 位的整数和 OUT，即 IN1 + IN2 = OUT。指令使用方法如图 2—19 所示。当 I1.0 接通后，将 VW10 开始的 16 位有符号整数与 VW14 开始的 16 位有符号整数相加，结果送到 VW14 开始的 16 位有符号整数中。

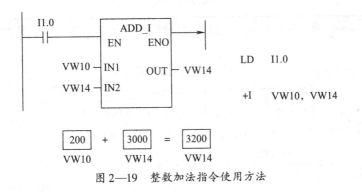

LD   I1.0

+I   VW10，VW14

图2—19　整数加法指令使用方法

2．双整数加法指令 +D

当允许输入端 EN 有效时，执行加法操作，将两个双字长（32 位）的有符号整数 IN1 和 IN2 相加，产生 1 个 32 位的整数和 OUT，即 IN1 + IN2 = OUT。指令使用方法如图 2—20 所示，当 I1.0 接通后，将 VD10 开始的 32 位有符号整数与 VD14 开始的 32 位有符号整数 相加，结果送到 VD14 开始的 32 位有符号整数中。

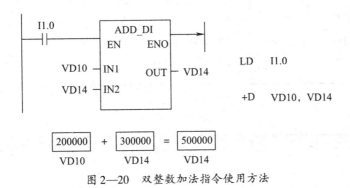

LD   I1.0

+D   VD10，VD14

图2—20　双整数加法指令使用方法

3．实数加法指令 +R

当允许输入端 EN 有效时，执行加法操作，将两个双字长（32 位）的实数 IN1 和 IN2 相加，产生 1 个 32 位的实数和 OUT，即 IN1 + IN2 = OUT。

二、减法指令

减法指令是对两个有符号数进行相减操作。减法操作对特殊标志位的影响及影响 ENO 正常工作的出错条件均与加法指令相同，该指令格式见表2—12。

三、乘法指令

乘法指令是对两个有符号数进行相乘运算，该指令格式见表2—13。

表 2—12　　　　　　　　　　　　　　减法指令格式

名称	指令格式	功能	操作数寻址范围
整数减法指令 – I	SUB_I EN　　ENO ????–IN1　　OUT–???? ????–IN2	两个 16 位带符号整数相减，得到一个 16 位带符号整数 执行结果：OUT – IN1 = OUT（在 LAD 和 FBD 中，IN1 – IN2 = OUT）	IN1，IN2，OUT：VW，IW，QW，MW，SW，SMW，LW，T，C，AC，* VD，* AC，* LD IN1 和 IN2 还可以是 AIW 和常数
双整数减法指令 – D	SUB_DI EN　　ENO ????–IN1　　OUT–???? ????–IN2	两个 32 位带符号整数相减，得到一个 32 位带符号整数 执行结果：OUT – IN1 = OUT（在 LAD 和 FBD 中，IN1 – IN2 = OUT）	IN1，IN2，OUT：VD，ID，QD，MD，SD，SMD，LD，AC，* VD，* AC，* LD IN1 和 IN2 还可以是 HC 和常数
实数减法指令 – R	SUB_R EN　　ENO ????–IN1　　OUT–???? ????–IN2	两个 32 位实数相减，得到一个 32 位实数 执行结果：OUT – IN1 = OUT（在 LAD 和 FBD 中，IN1 – IN2 = OUT）	IN1，IN2，OUT：VD，ID，QD，MD，SD，SMD，LD，AC，* VD，* AC，* LD IN1 和 IN2 还可以是常数

表 2—13　　　　　　　　　　　　　　乘法指令格式

名称	指令格式	功能	操作数寻址范围
整数乘法指令 ×I	MUL_I EN　　ENO ????–IN1　　OUT–???? ????–IN2	两个 16 位带符号整数相乘，得到一个 16 位带符号整数 执行结果：IN1 × OUT = OUT（在 LAD 和 FBD 中，IN1 × IN2 = OUT）	IN1，IN2，OUT：VW，IW，QW，MW，SW，SMW，LW，T，C，AC，* VD，* AC，* LD IN1 和 IN2 还可以是 AIW 和常数
完全整数乘法指令 MUL	MUL EN　　ENO ????–IN1　　OUT–???? ????–IN2	两个 16 位带符号整数相乘，得到一个 32 位带符号整数 执行结果：IN1 × OUT = OUT（在 LAD 和 FBD 中，IN1 × IN2 = OUT）	IN1，IN2：VW，IW，QW，MW，SW，SMW，LW，AIW，T，C，AC，* VD，* AC，* LD 和常数 OUT：VD，ID，QD，MD，SD，SMD，LD，AC，* VD，* AC，* LD

名称	指令格式	功能	操作数寻址范围
双整数乘法 指令 ×D	MUL_DI EN ENO ????-IN1 OUT-???? ????-IN2	两个 32 位带符号整数相乘，得到一个 32 位带符号整数 执行结果：IN1 × OUT = OUT（在 LAD 和 FBD 中，IN1 × IN2 = OUT）	IN1，IN2，OUT：VD，ID，QD，MD，SD，SMD，LD，AC，*VD，*AC，*LD IN1 和 IN2 还可以是 HC 和常数
实数乘法 指令 ×R	MUL_R EN ENO ????-IN1 OUT-???? ????-IN2	两个 32 位实数相乘，得到一个 32 位实数 执行结果：IN1 × OUT = OUT（在 LAD 和 FBD 中，IN1 × IN2 = OUT）	IN1，IN2，OUT：VD，ID，QD，MD，SD，SMD，LD，AC，*VD，*AC，*LD IN1 和 IN2 还可以是常数

1. 整数乘法指令 ×I

当允许输入端 EN 有效时，将两个单字长（16 位）的有符号整数 IN1 和 IN2 相乘，产生一个 16 位的整数结果 OUT。如果运算结果大于 32 767（16 位二进制数表示的范围），则产生溢出。

2. 完全整数乘法指令 MUL

当允许输入端 EN 有效时，将两个单字长（16 位）的有符号整数 IN1 和 IN2 相乘，产生一个 32 位的整数结果 OUT。

3. 双整数乘法指令 ×D

当允许输入端 EN 有效时，将两个双字长（32 位）的有符号整数 IN1 和 IN2 相乘，产生 1 个 32 位的双整数结果 OUT。若运算结果大于 32 位二进制数表示的范围，则产生溢出。

4. 实数乘法指令 ×R

当允许输入端 EN 有效时，将两个双字长（32 位）的实数 IN1 和 IN2 相乘，产生 1 个 32 位的实数结果。若运算结果大于 32 位二进制数表示的范围，则产生溢出。

四、除法指令

除法指令是对两个有符号数进行相除运算，包括整数除法指令、完全整数除法指令、双整数除法指令及实数除法指令四种。在整数除法指令中，两个 16 位的整数相除，产生 1 个 16 位的商，不保留余数。在完全整数除法指令中，两个 16 位的整数相除，产生 1 个

32 位的结果，其中，低 16 位存商，高 16 位存余数。在双整数除法指令中，两个 32 位的整数相除，产生 1 个 32 位的商，不保留余数。在实数除法指令中，两个双字长（32 位）的实数 IN1 和 IN2 相除，产生一个 32 位的实数结果，其中，低 16 位存商，高 16 位存余数。除法指令示例如图 2—21 所示，除法指令格式见表 2—14。

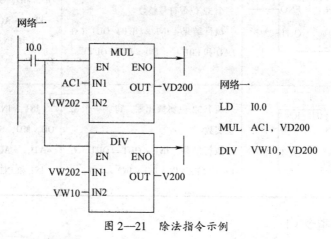

图 2—21　除法指令示例

表 2—14 　　　　　　　　　　　　　　除法指令格式

名称	指令格式	功能	操作数寻址范围
整数除法指令/I	DIV_I EN ENO ????-IN1 OUT-???? ????-IN2	两个 16 位带符号整数相除，得到一个 16 位带符号整数商，不保留余数　执行结果：OUT/IN1 = OUT（在 LAD 和 FBD 中，IN1/IN2 = OUT）	IN1, IN2, OUT: VW, IW, QW, MW, SW, SMW, LW, T, C, AC, *VD, *AC, *LD　IN1 和 IN2 还可以是 AIW 和常数
完全整数除法指令 DIV	DIV EN ENO ????-IN1 OUT-???? ????-IN2	两个 16 位带符号整数相除，得到一个 32 位结果，其中低 16 位为商，高 16 位为结果　执行结果：OUT/IN1 = OUT（在 LAD 和 FBD 中，IN1/IN2 = OUT）	IN1, IN2: VW, IW, QW, MW, SW, SMW, LW, AIW, T, C, AC, *VD, *AC, *LD 和常数　OUT: VD, ID, QD, MD, SD, SMD, LD, AC, *VD, *AC, *LD
双整数除法指令/D	DIV_DI EN ENO ????-IN1 OUT-???? ????-IN2	两个 32 位带符号整数相除，得到一个 32 位整数商，不保留余数　执行结果：OUT/IN1 = OUT（在 LAD 和 FBD 中，IN1/IN2 = OUT）	IN1, IN2, OUT: VD, ID, QD, MD, SD, SMD, LD, AC, *VD, *AC, *LD　IN1 和 IN2 还可以是 HC 和常数

名称	指令格式	功能	操作数寻址范围
实数除法 指令/R	DIV_R EN　ENO ????-IN1　OUT-???? ????-IN2	两个32位实数相除，得到一个32位实数商 执行结果：OUT/IN1 = OUT（在LAD和FBD中，IN1/IN2 = OUT）	IN1，IN2，OUT：VD，ID，QD，MD，SD，SMD，LD，AC，*VD，*AC，*LD IN1和IN2还可以是常数

五、增减指令

增减指令又称自动加1或自动减1指令。数据长度可以是字节、字、双字。增减指令格式见表2—15。

表2—15　　　　　　　　　　　增减指令格式

名称	指令格式	功能	操作数寻址范围
字节+1 指令	INC_B EN　ENO ????-IN　OUT-????	将字节无符号输入数加1 执行结果：OUT + 1 = OUT（在LAD和FBD中，IN + 1 = OUT）	IN，OUT：VB，IB，QB，MB，SB，SMB，LB，AC，*VD，*AC，*LD IN还可以是常数
字节-1 指令	DEC_B EN　ENO ????-IN　OUT-????	将字节无符号输入数减1 执行结果：OUT - 1 = OUT（在LAD和FBD中，IN - 1 = OUT）	
字+1 指令	INC_W EN　ENO ????-IN　OUT-????	将字（16位）有符号输入数加1 执行结果：OUT + 1 = OUT（在LAD和FBD中，IN + 1 = OUT）	IN，OUT：VW，IW，QW，MW，SW，SMW，LW，T，C，AC，*VD，*AC，*LD IN还可以是AIW和常数
字-1 指令	DEC_W EN　ENO ????-IN　OUT-????	将字（16位）有符号输入数减1 执行结果：OUT - 1 = OUT（在LAD和FBD中，IN - 1 = OUT）	

续表

名称	指令格式	功能	操作数寻址范围
双字 +1 指令	INC_DW EN ENO ????-IN OUT-????	将双字（32位）有符号输入数加1 执行结果：OUT + 1 = OUT（在 LAD 和 FBD 中，IN + 1 = OUT）	IN, OUT：VD, ID, QD, MD, SD, SMD, LD, AC, *VD, *AC, *LD
双字 −1 指令	DEC_DW EN ENO ????-IN OUT-????	将双字（32位）有符号输入数减1 执行结果：OUT − 1 = OUT（在 LAD 和 FBD 中，IN − 1 = OUT）	IN 还可以是 HC 和常数

【任务实施】

一、控制要求分析

投币器设有三个货币识别传感器（可用三个按钮来模拟），分别用于识别1角、5角和1元的硬币。

出货区由电磁铁及其控制的推货杆组成，控制四种商品的出货。

退币区由电磁铁及其控制的推币器组成。如果显示屏显示余额大于零时，按下退币钮，电磁铁（1角）、（5角）将找零硬币推到退币口，延迟1 s后，电磁铁动作，退币口打开退出硬币。

1. 向投币器中掷入硬币（可用点动按钮代替），显示屏上自动显示当前所投金额。

2. 按下选货按钮后，显示屏上显示所剩余额，当所剩余额大于零时，延迟1 s后对应的推货杆动作将货物推出；如果所剩余额还大于零，则仍可继续选货。

3. 若所投金额不够时，"投币不足"指示灯 HL1 闪烁（闪烁周期为0.5 s），等待5 s后，若所投金额还不足时，则退币口自动将钱退出。

4. 交易完成后，投下退币按钮，根据当前余额数，退币口自动将钱退出，一个币种连续退出的时间要求间隔1 s，退币过程中显示屏上要求能实时显示所剩金额，直至显示为零后等待下一次交易开始。

二、编写输入/输出分配表

自动售货机控制系统输入/输出分配表见表2—16。

表 2—16   自动售货机控制系统输入/输出分配表

序号	PLC 地址	设备接线	注释
1	I0.0	SB1（工业电器单元 – 2）	1 角投币口
2	I0.1	SB2（工业电器单元 – 2）	5 角投币口
3	I0.2	SB3（工业电器单元 – 2）	1 元投币口
4	I0.3	SB4（工业电器单元 – 2）	饮料 1 选择
5	I0.4	SB5（工业电器单元 – 2）	饮料 2 选择
6	I0.5	SB6（工业电器单元 – 2）	饮料 3 选择
7	I0.6	SB7（工业电器单元 – 2）	退币按钮
8	Q0.0	A01 – 1（工艺对象单元 – 1）	饮料 1 弹出电磁阀
9	Q0.1	A02 – 1（工艺对象单元 – 1）	饮料 2 弹出电磁阀
10	Q0.2	A03 – 1（工艺对象单元 – 1）	饮料 3 弹出电磁阀
11	Q0.5	A07 – 1（工艺对象单元 – 1）	退币电磁阀
12	Q0.6	A06 – 1（工艺对象单元 – 1）	5 角弹出电磁阀
13	Q0.7	A05 – 1（工艺对象单元 – 1）	1 角弹出电磁阀

三、程序编制

Network 1

LD   SB_1：I0.0

EU

+I   1，AC0

Network 2

LD   SB_2：I0.1

EU

+I   5，AC0

Network 3

LD   SB_3：I0.2

EU

+I   10，AC0

Network 4

LD   SM0.0

LPS

AW >= AC0，23

=   M0.5

LRD

AW >= AC0，15

=   M0.4

LRD

AW >= AC0，12

=   M0.3

LPP

AW >= AC0，26

=   M0.6

Network 5

LD	SM0. 0
LPS	
A	SB_6: I0. 5
A	M0. 5
=	YA3: Q0. 2
LRD	
A	SB_5: I0. 4
A	M0. 4
=	YA2: Q0. 1
LRD	
A	SB_4: I0. 3
A	M0. 3
=	YA1: Q0. 0
LRD	
A	S_1: I0. 7
A	M0. 6
=	YA4: Q0. 3
LPP	
AN	YA1: Q0. 0
AN	YA2: Q0. 1
AN	YA3: Q0. 2
AW >	AC0, 0
AN	YA4: Q0. 3
TON	T42, 100

Network 6

LD	T42
EU	
O	SB_7: I0. 6
S	M0. 0, 1

Network 7

LDW >=	AC0, 12
A	SB_4: I0. 3
− I	+12, AC0

Network 8

LDW >=	AC0, 15
A	SB_5: I0. 4
− I	+15, AC0

Network 9

LDW >=	AC0, 23
A	SB_6: I0. 5
− I	+22, AC0

Network 10

LDW >=	AC0, 26
A	S_1: I0. 7
− I	26, AC0

Network 11

LD	SM0. 0
MOVW	AC0, VW4
/I	+5, VW4
MOVW	VW4, VW6
* I	+5, VW6
MOVW	AC0, VW8
− I	VW6, VW8
MOVW	VW8, VW10
+ I	+1, VW10
MOVW	VW4, VW12

+I	+1, VW12		AW <>	VW12, 0
			A	M0.0
Network 12			A	SM0.5
LD	YA6: Q0.6		=	YA6: Q0.6
AW <>	VW4, 0		LRD	
LDN	M0.0		AN	C1
CTU	C0, VW4		AW <>	VW8, 0
			A	M0.0
Network 13			A	SM0.5
LD	YA5: Q0.7		=	YA5: Q0.7
AW <>	VW10, 0		LPP	
LDN	M0.0		LD	C0
CTU	C1, VW10		A	C1
			LDW =	VW4, 0
Network 14			A	C1
LD	M0.0		OLD	
=	YA7: Q0.5		LDW =	VW8, 0
			A	C0
Network 15			OLD	
LD	SM0.0		ALD	
LPS			R	M0.0, 1
AN	C0		MOVD	0, AC0

四、实物接线

按表 2—16 进行实物接线。

五、程序下载及调试

1. 将编译无误的控制程序下载至 PLC 中，并将模式选择开关拨至 RUN 状态。

2. 接线时依据实物接线图进行，注意插接导线的颜色（直流电源正极用红颜色导线，直流电源负极用黑颜色导线，PLC 输入用蓝颜色导线，PLC 输出用黄颜色导线）。

3. 注意养成良好的职业习惯，在进行插接导线操作时切勿生拉硬拽，防止损坏导线。

4. 插接导线完成，经检查无误后方能合闸通电，以确保设备安全。

5．调试完成后，应注意断电后再拔下连接导线。

【任务评价】

自动售货机系统编程与调试任务评价表

序号	项目与技术要求	配分	评分标准	自检记录	交检记录	得分
1	正确选择输入/输出端口	20	输入/输出分配表中，每错一项扣5分			
2	正确编制梯形图程序	20	梯形图格式正确，程序时序逻辑正确，整体结构合理，每错一处扣5分			
3	正确写出指令表程序	10	各指令使用准确，每错一处扣2分			
4	外部接线正确	20	电源线、通信线及I/O信号线接线正确，每错一处扣5分			
5	写入程序并进行调试	20	操作步骤正确，动作熟练（允许根据输出情况进行反复修改和改善）。若有违规操作，每次扣10分			
6	运行结果及口试答辩	10	程序运行结果正确，表述清楚，口试答辩正确，对运行结果表述不清楚者扣5分			
7	其他		态度认真，积极完成，认真学习相关知识，遵守劳动纪律，有良好的职业道德和习惯；否则，酌情扣分			

学员任务实施过程的小结及反馈：

教师点评：

任务六 恒保温箱的远程温度控制

【任务描述】

现有一个恒保温箱用于产品烘干，如图2—22所示，可根据产品的不同对温度进行调节。恒保温箱由加热板、风机、温度变送器、拨码开关等组成。请利用可编程序控制器编制控制程序。

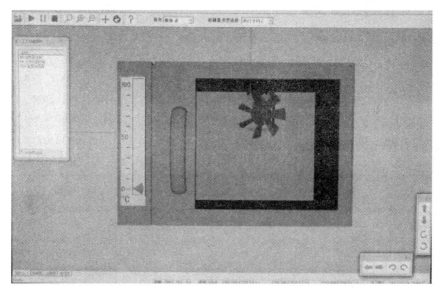

图2—22 恒保温箱模拟设备

【任务分析】

本任务介绍数据传送指令及典型应用，通过西门子S7－200可编程序控制器模拟量编程方法，说明如何对恒保温箱进行远程温度控制。

【相关知识】

一、数据传送指令及典型应用

1. 字节、字、双字和实数单个数据传送指令MOV

数据传送指令的梯形图表示：传送指令由传送符MOV、数据类型（B/W/D/R）、传送启动信号 EN、源操作数 IN 和目标操作码 OUT 构成。

数据传送指令的原理：传送指令是在启动信号 EN = 1 时，执行传送功能。其功能是把原操作数 IN 传送到目标操作数 OUT 中。ENO 为传送状态位。

数据传送指令的语句表表示：传送指令由操作码 MOV、数据类型（B/W/D/R）源操作数 IN 和目标操作数构成，其指令格式见表2—17。

表 2—17   单一数据传送指令格式

名称	指令格式	功能	操作数
单一传送指令	MOV_B EN ENO 10-IN OUT-QB0	将 IN 的内容拷贝到 OUT 中，IN 和 OUT 的数据类型应相同，可分别为字节、字、双字、实数	IN, OUT: VB, IB, QB, MB, SB, SMB, LB, AC, *VD, *AC, *LD IN 还可以是常数
	MOV_W EN ENO 0-IN OUT-VW0		IN, OUT: VW, IW, QW, MW, SW, SMW, LW, T, C, AC, *VD, *AC, *LD IN 还可以是 AIW 和常数 OUT 还可以是 AQW
	MOV_DW EN ENO VD20-IN OUT-VD30		IN, OUT: VD, ID, QD, MD, SD, SMD, LD, AC, *VD, *AC, *LD IN 还可以是 HC、常数、&VB、&IB、&QB、&MB、&T、&C
	MOV_R EN ENO 10.0-IN OUT-VD30		IN, OUT: VD, ID, QD, MD, SD, SMD, LD, AC, *VD, *AC, *LD IN 还可以是常数
	MOV_BIR EN ENO IB10-IN OUT-QB0	立即读取输入 IN 的值，将结果输出到 OUT	IN：IB OUT: VB, IB, QB, MB, SB, SMB, LB, AC, *VD, *AC, *LD
	MOV_BIW EN ENO IB10-IN OUT-QB0	立即将 IN 单元的值写到 OUT 所指的物理输出区	IN：VB, IB, QB, MB, SB, SMB, LB, AC, *VD, *AC, *LD 和常数 OUT：QB

使 ENO = 0 即使能输出断开的错误条件：SM4.3（运行时间），0006（间接寻址错误）。

例如，将变量存储器 VW100 中内容送到 VW200 中，程序如图 2—23 所示。

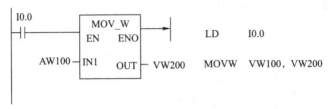

图 2—23　MOV 指令示例梯形图

2. 字节、字、双字、实数数据块传送指令 BLKMOV

数据块传送指令由数据块传送符 BLKMOV、数据类型（B/W/D）、传送启动信号 EN、源数据块起始地址 IN、源数据数目 N 和目标操作数 OUT 构成。

数据块传送指令将从输入地址 IN 开始的 N 个数据传送到输出地址 OUT 开始的 N 个单元中，N 的范围为 1~255，N 的数据类型为字节。其指令格式见表 2—18。

表 2—18　　　　　　　　　数据传送指令 BLKMOV 指令格式

名称	指令格式	功能	操作数
块传送指令	BLKMOV_B EN　ENO IB10 - IN　OUT - QB0 2 - N	将从 IN 开始的连续 N 个字节数据拷贝到从 OUT 开始的数据块，N 的有效范围是 1~255	IN, OUT：VB, IB, QB, MB, SB, SMB, LB, * VD, * AC, * LD N：VB, IB, QB, MB, SB, SMB, LB, AC, * VD, * AC, * LD 和常数
	BLKMOV_W EN　ENO IW10 - IN　OUT - QW0 2 - N	将从 IN 开始的连续 N 个字数据拷贝到从 OUT 开始的数据块，N 的有效范围是 1~255	IN, OUT：VW, IW, QW, MW, SW, SMW, LW, T, C, * VD, * AC, * LD IN 还可以是 AIW OUT 还可以是 AQW N：VB, IB, QB, MB, SB, SMB, LB, AC, * VD, * AC, * LD 和常数
	BLKMOV_D EN　ENO ID10 - IN　OUT - QD0 2 - N	将从 IN 开始的连续 N 个双字数据拷贝到从 OUT 开始的数据块，N 的有效范围是 1~255	IN, OUT：VD, ID, QD, MD, SD, SMD, LD, *VD, *AC, *LD N：VB, IB, QB, MB, SB, SMB, LB, AC, * VD, * AC, * LD 和常数

传送指令是在启动信号 EN = 1 时，执行数据块传送功能。其功能是把源操作数起始地址 IN 的 N 个数据传送到目标操作数 OUT 的起始地址中。ENO 为传送状态位。

数据块传送指令的应用：应用传送指令时，应该注意数据类型和数据地址的连续性。

使 ENO = 0 的错误条件：0006（间接寻址错误），0091（操作数超出范围）。

例如，使用块传送指令把 VB20 ~ VB23 四个字节的内容传送到 VB100 ~ VB103 单元中。指令功能：当 I0.0 接通后，将以 VB20 为首地址的 4 个字节传送到以 VB100 为首地址的存储单元中，如图 2—24 所示。结果如图 2—25 所示。

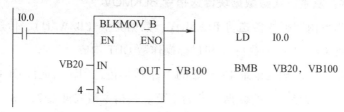

图 2—24　BLKMOV 指令示例梯形图

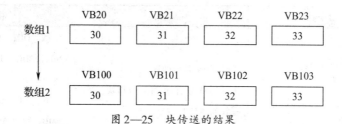

图 2—25　块传送的结果

二、西门子 S7 - 200 可编程序控制器模拟量编程

现在以 EM235 为例介绍 S7 - 200 模拟量编程。

EM235 是最常用的模拟量扩展模块之一，它实现了 4 路模拟量输入和 1 路模拟量输出功能。

1. 模拟量扩展模块的接线方法

对于电压信号，按正、负极直接接入 X + 和 X -；对于电流信号，将 RX 和 X + 短接后接入电流输入信号的 " + " 端；未连接传感器的通道要将 X + 和 X - 短接。对于某一模块，只能将输入端同时设置为一种量程和格式，即相同的输入量程和分辨率。

2. EM235 的常用技术参数（见表 2—19）

表 2—20 说明如何用 DIP 开关设置 EM235 扩展模块，开关 1 ~ 6 可选择输入模拟量的单/双极性、增益和衰减。

表 2—19 EM235 的常用技术参数

模拟量输入特性	
模拟量输入点数	4
输入范围	电压（单极性）0～10 V，0～5 V，0～1 V，0～500 mV，0～100 mV，0～50 mV
	电压（双极性）±10 V，±5 V，±2.5 V，±1 V，±500 mV，±250 mV，±100 mV，±50 mV，±25 mV
	电流 0～20 mA
数据字格式	双极性 全量程范围 –32 000～+32 000
	单极性 全量程范围 0～32 000
分辨率	12 位 A/D 转换器
模拟量输出特性	
模拟量输出点数	1
信号范围	电压输出 ±10 V
	电流输出 0～20 mA
数据字格式	电压 –32 000～+32 000
	电流 0～32 000
分辨率电流	电压 12 位
	电流 11 位

表 2—20 用 DIP 开关设置 EM235 扩展模块

EM235 开关						单/双极性选择	增益选择	衰减选择
SW1	SW2	SW3	SW4	SW5	SW6			
					ON	单极性		
					OFF	双极性		
			OFF	OFF			×1	
			OFF	ON			×10	
			ON	OFF			×100	
			ON	ON			无效	
ON	OFF	OFF						0.8
OFF	ON	OFF						0.4
OFF	OFF	ON						0.2

由表 2—20 可知，DIP 开关 SW6 决定模拟量输入的单/双极性，当 SW6 为 ON 时，模拟量输入为单极性输入；SW6 为 OFF 时，模拟量输入为双极性输入。

SW4 和 SW5 决定输入模拟量的增益选择，而 SW1、SW2、SW3 共同决定了模拟量的衰减选择。

DIP 开关的输入设置见表 2—21。

表 2—21　　　　　　　　　　DIP 开关的输入设置

单极性						满量程输入	分辨率
SW1	SW2	SW3	SW4	SW5	SW6		
ON	OFF	OFF	ON	OFF	ON	0 ~ 50 mV	12. 5 μV
OFF	ON	OFF	ON	OFF	ON	0 ~ 100 mV	25 μV
ON	OFF	OFF	OFF	ON	ON	0 ~ 500 mV	125 μA
OFF	ON	OFF	OFF	ON	ON	0 ~ 1 V	250 μV
ON	OFF	OFF	OFF	OFF	ON	0 ~ 5 V	1. 25 mV
ON	OFF	OFF	OFF	OFF	ON	0 ~ 20 mV	5 μV
OFF	ON	OFF	OFF	OFF	ON	0 ~ 10 V	2. 5 mV

双极性						满量程输入	分辨率
SW1	SW2	SW3	SW4	SW5	SW6		
ON	OFF	OFF	ON	OFF	OFF	± 25 mV	12. 5 μV
OFF	ON	OFF	ON	OFF	OFF	± 50 mV	25 μV
OFF	OFF	ON	ON	OFF	OFF	± 100 mV	50 μV
ON	OFF	OFF	OFF	ON	OFF	± 250 mV	125 μV
OFF	ON	OFF	OFF	ON	OFF	± 500 mV	250 μV
OFF	OFF	OFF	OFF	ON	OFF	± 1 V	500 μV
ON	OFF	OFF	OFF	OFF	OFF	± 2.5 V	1. 25 mV
OFF	ON	OFF	OFF	OFF	OFF	± 5 V	2. 5 mV
OFF	OFF	ON	OFF	OFF	OFF	± 10 V	5 mV

6 个 DIP 开关决定了所有的输入设置，也就是说开关的设置应用于整个模块，开关设置也只有在重新上电后才能生效。

3. 输入校准

模拟量输入模块使用前应进行输入校准。其实出厂前模块已经进行了输入校准，如果 OFFSET 和 GAIN 电位器已被重新调整，则需要重新进行输入校准。其步骤如下：

（1）切断模块电源，选择需要的输入范围。

（2）接通 CPU 和模块电源，使模块稳定 15 min。

（3）用一个变送器，一个电压源或一个电流源，将零值信号加到一个输入端。读取适当的输入通道在 CPU 中的测量值。

（4）调节 OFFSET（偏置）电位计，直到读数为零或所需要的数字数据值。将一个满刻度值信号接到输入端子中的一个，读出送到 CPU 的值。调节 GAIN（增益）电位计，直到读数为 32 000 或所需要的数字数据值。

必要时，重复偏置和增益校准过程。

4．EM235 输入、输出数据字格式

（1）输入数据字格式。12 位数据值在 CPU 的模拟量输入字中的位置如图 2—26 所示。

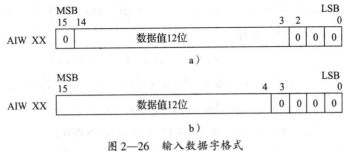

图 2—26　输入数据字格式

a）单极数据　b）双极数据

可见，模拟量到数字量转换器（ADC）的 12 位读数是左对齐的。最高有效位是符号位，0 表示正值。在单极性格式中，3 个连续的 0 使模拟量到数字量转换器（ADC）每变化 1 个单位，数据字则以 8 个单位变化。在双极性格式中，4 个连续的 0 使模拟量到数字量转换器每变化 1 个单位，数据字则以 16 个单位变化。

（2）输出数据字格式。图 2—27 给出了 12 位数据值在 CPU 的模拟量输出字中的位置。

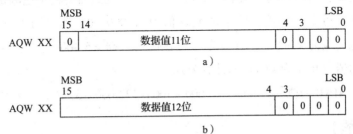

图 2—27　输出数据字格式

a）电流输出数据格式　b）电压输出数据格式

数字量到模拟量转换器（DAC）的 12 位读数在其输出格式中是左端对齐的，最高有效位是符号位，0 表示正值。

5．模拟量扩展模块的寻址

每个模拟量扩展模块按扩展模块的先后顺序进行排序，其中，模拟量根据输入、输出

不同分别排序。模拟量的数据格式为一个字长，所以地址必须从偶数字节开始，如 AIW0，AIW2，AIW4，…，AQW0，AQW2 等。每个模拟量扩展模块至少占两个通道，即使第一个模块只有一个输出 AQW0，第二个模块模拟量输出地址也应从 AQW4 开始寻址，以此类推。

假设模拟量的标准电信号是 A0 ~ Am（如 4 ~ 20 mA），A/D 转换后数值为 D0 ~ Dm（如 6 400 ~ 32 000），设模拟量的标准电信号是 A，A/D 转换后的相应数值为 D，由于是线性关系，函数关系 A = f（D）可以表示为数学方程：

$$A = (D - D0) \times (Am - A0)/(Dm - D0) + A0$$

根据该方程式，可以方便地根据 D 值计算出 A 值。将该方程式逆变换，得出函数关系 D = f（A）可以表示为数学方程：

$$D = (A - A0) \times (Dm - D0)/(Am - A0) + D0$$

具体举一个实例，以 S7 - 200 和 4 ~ 20 mA 为例，经 A/D 转换后，得到的数值是 6 400 ~ 32 000，即 A0 = 4，Am = 20，D0 = 6 400，Dm = 32 000，得出：

$$A = (D - 6\ 400) \times (20 - 4)/(32\ 000 - 6\ 400) + 4$$

假设该模拟量与 AIW0 对应，则当 AIW0 的值为 12 800 时，相应的模拟电信号是 6 400 × 16/25 600 + 4 = 8 mA。

又如，某温度传感器，- 10 ~ 60℃ 与 4 ~ 20 mA 相对应，以 T 表示温度值，AIW0 为 PLC 模拟量采样值，则根据上式直接代入得出：

$$T = 70 \times (AIW0 - 6\ 400)/25\ 600 - 10$$

可以用 T 直接显示温度值。

某压力变送器，当压力达到满量程 5 MPa 时，压力变送器的输出电流是 20 mA，AIW0 的数值是 32 000。可见，每毫安对应的 A/D 值为 32 000/20，测得当压力为 0.1 MPa 时，压力变送器的电流应为 4 mA，A/D 值为（32 000/20）× 4 = 6 400。由此得出 AIW0 的数值转换为实际压力值（单位为 kPa）的计算公式：

VW0 的值 =（AIW0 的值 - 6 400）×（5 000 - 100）/（32 000 - 6 400）+ 100（单位：kPa）

【任务实施】

一、控制要求分析

1. 接通电源后，安装在恒保温箱内的温度变送器将信号传送到 PLC，由两位数字显示器显示当前系统的温度，PLC 经过特定的运算后输出信号控制加热板（KA1）和风机（KA2）调节温度，使恒保温箱内的温度恒定。

2．默认情况下，数字显示器显示当前系统的温度，操作者可通过一个按钮（SB1）在当前系统温度和设定系统温度之间进行切换，系统的设定温度通过拨码开关进行输入，通过两个按钮（SB2、SB3）微调系统温度的设定值（每按下一次向上或向下调整1℃），设定数值的时间超过30 s时，数字显示器自动返回当前系统的温度显示。

3．控制器根据当前系统的温度与设定温度进行比较。当系统的温度高于设定温度时，红色指示灯（HL1）闪烁提示；当系统的温度低于设定温度时，绿色指示灯（HL2）点亮提示；系统的温度与设定温度相等时，两灯均熄灭。

4．当加热板或风机运行1 min后，室内温度仍然没有发生变化时，则认为设备出现故障，这时蜂鸣器报警提示。操作者排除故障后可通过同时按下调节温度的两个按钮复位蜂鸣器。

5．根据需要，操作者可利用按钮手动控制加热板和风机的运行，若手动运行后，系统的温度与设定温度不等，指示灯报警提示，但自动调节功能无效。

二、编写输入/输出分配表

恒保温箱远程温度控制系统输入/输出分配表见表2—22。

表2—22　　　　　恒保温箱远程温度控制系统输入/输出分配表

序号	PLC 地址	设备接线	注释
1	I0.0	11（工业电器单元－2拨码开关C1）	低位拨码器1
2	I0.1	21（工业电器单元－2拨码开关C1）	低位拨码器2
3	I0.2	41（工业电器单元－2拨码开关C1）	低位拨码器3
4	I0.3	81（工业电器单元－2拨码开关C1）	低位拨码器4
5	I0.4	12（工业电器单元－2拨码开关C2）	高位拨码器1
6	I0.5	22（工业电器单元－2拨码开关C2）	高位拨码器2
7	I0.6	42（工业电器单元－2拨码开关C2）	高位拨码器3
8	I0.7	82（工业电器单元－2拨码开关C2）	高位拨码器4
9	I2.0	SB1（工业电器单元－2）	上限温度设定按钮
10	I2.1	SB2（工业电器单元－2）	下限温度设定按钮
11	I2.2	SB3（工业电器单元－2）	运行按钮
12	I2.3	SB4（工业电器单元－2）	停止按钮
13	AIW0	A12－1（工艺对象部件单元－1）	SQ1
14	Q0.0	A01－1（工艺对象部件单元－1）	KM
15	Q0.1	A02－1（工艺对象部件单元－1）	KA
16	Q1.0	A3（工业电器单元－2 BCD段数码管）	低位数码管1

续表

序号	PLC 地址	设备接线	注释
17	Q1.1	B3（工业电器单元 – 2 BCD 段数码管）	低位数码管2
18	Q1.2	C3（工业电器单元 – 2 BCD 段数码管）	低位数码管3
19	Q1.3	D3（工业电器单元 – 2 BCD 段数码管）	低位数码管4
20	Q1.4	A4（工业电器单元 – 2 BCD 段数码管）	高位数码管1
21	Q1.5	B4（工业电器单元 – 2 BCD 段数码管）	高位数码管2
22	Q1.6	C4（工业电器单元 – 2 BCD 段数码管）	高位数码管3
23	Q1.7	D4（工业电器单元 – 2 BCD 段数码管）	高位数码管4

三、程序编制

1. 主程序

Network 1

LD	SM0.1
MOVD	0，VD196
MOVW	289，VW250
MOVW	6 400，VW252
MOVW	20 000，AQW0
MOVW	50，下限温度：VW110
MOVW	60，上限温度：VW108

Network 2

LD	SM0.0
MOVW	AIW0，实际温度：VW200
– I	VW252，实际温度：VW200
DIV	VW250，VD198
MUL	10，VD196
DIV	VW250，VD196
MOVW	VW198，VW160
MOVW	0，VW198
MOVW	10，VW198
MUL	实际温度：VW200，VD196
MOVW	VW160，VW198
+ I	实际温度：VW200，VW198
MOVW	实际温度：VW200，VW116

Network 3

LD	SM0.0
LPS	
MOVW	IW0，VW100
A	T37
MOVW	VW100，VW106
BCDI	VW106
MOVW	VW106，上限温度：VW108
/I	+100，上限温度：VW108
LRD	
A	T38
MOVW	VW100，VW104
BCDI	VW104
MOVW	VW104，下限温度：VW110
/I	+100，下限温度：VW110
LPP	

LPS

A	SB_1：I2. 0	
TON	T37，20	
LPP		
A	SB_2：I2. 1	
TON	T38，20	

Network 4

LD	SM0. 0
LPS	
A	M0. 0
LPS	
AW >=	实际温度：VW200，上限温度：VW108
S	A02_1：Q0. 0，1
R	A01_1：Q0. 1，1
LRD	
AW <=	实际温度：VW200，下限温度：VW110
S	A01_1：Q0. 1，1
R	A02_1：Q0. 0，1
LPP	
AW >=	实际温度：VW200，下限

2．数码管子程序指令语句

Network 1

LD	SM0. 0
MOVW	VW116，VW80
IBCD	VW80
MOVW	VW80，MW10

Network 2

LD	SM0. 0

	温度：VW110
AW <=	实际温度：VW200，上限温度：VW108
R	A02_1：Q0. 0，2
LPP	
LPS	
A	SB_3：I2. 2
S	M0. 0，1
R	M0. 1，1
LPP	
LPS	
A	M0. 1
AN	A02_1：Q0. 0
AN	A01_1：Q0. 1
R	M0. 0，1
LPP	
A	SB_4：I2. 3
S	M0. 1，1A I2. 3
S	M0. 1，1

Network 5

LD	SM0. 0
CALL 数码管：SBR0	
LPS	
A	M11. 0
=	Q1. 0
LRD	
A	M11. 1
=	Q1. 1
LRD	
A	M11. 2

=	Q1.2		A	M11.5
LRD			=	Q1.5
A	M11.3		LRD	
=	Q1.3		A	M11.6
LRD			=	Q1.6
A	M11.4		LPP	
=	Q1.4		A	M11.7
LRD			=	Q1.7

四、实物接线

按表 2—22 进行实物接线。

五、程序下载及调试

1. 将编译无误的控制程序下载至 PLC 中，并将模式选择开关拨至 RUN 状态。

2. 接线时依据实物接线图进行，注意插接导线的颜色（直流电源正极用红颜色导线，直流电源负极用黑颜色导线，PLC 输入用蓝颜色导线，PLC 输出用黄颜色导线）。

3. 注意养成良好的职业习惯，在进行插接导线操作时切勿生拉硬拽，防止损坏导线。

4. 插接导线完成，经检查无误后方能合闸通电，以确保设备安全。

5. 调试完成后，应注意断电后再拔下连接导线。

【任务评价】

恒保温箱远程控制编程与调试任务评价表

序号	项目与技术要求	配分	评分标准	自检记录	交检记录	得分
1	正确选择输入/输出端口	20	输入/输出分配表中，每错一项扣5分			
2	正确编制梯形图程序	20	梯形图格式正确，程序时序逻辑正确，整体结构合理，每错一处扣5分			
3	正确写出指令表程序	10	各指令使用准确，每错一处扣2分			

序号	项目与技术要求	配分	评分标准	自检记录	交检记录	得分
4	外部接线正确	20	电源线、通信线及 I/O 信号线接线正确，每错一处扣5分			
5	写入程序并进行调试	20	操作步骤正确，动作熟练（允许根据输出情况进行反复修改和改善）。若有违规操作，每次扣10分			
6	运行结果及口试答辩	10	程序运行结果正确，表述清楚，口试答辩正确，对运行结果表述不清楚者扣5分			
7	其他		态度认真，积极完成，认真学习相关知识，遵守劳动纪律，有良好的职业道德和习惯；否则，酌情扣分			

学员任务实施过程的小结及反馈：

教师点评：